2011—2020 年国家古籍整理出版规划项目

『十三、 出版物出版规划项目

花古籍注译丛书

（明）冯京第 著

莫磊 译注校订

二易 兰史

中国林业出版社

图书在版编目（CIP）数据

兰易 兰史/（明）冯京第著；莫磊译注校订 . —北京：
中国林业出版社，2020.12
（中国兰花古籍注译丛书）

ISBN 978-7-5219-0966-1

Ⅰ . ①兰… Ⅱ . ①冯… ②莫… Ⅲ . ①兰科－花卉－
观赏园艺 Ⅳ . ①S682.31

中国版本图书馆CIP数据核字（2020）第262886号

兰易 兰史
Lányì Lánshǐ

责任编辑：何增明 邹 爱
插 图：石 三
出版发行：中国林业出版社（100009 北京西城区刘海胡同 7 号）
电 话：010-83143517
印 刷：河北京平诚乾印刷有限公司
版 次：2021 年 6 月第 1 版
印 次：2021 年 6 月第 1 次印刷
开 本：710mm×1000mm 1/16
印 张：11
字 数：185 千字
定 价：88.00 元

　　明朝人张羽的《兰花》诗中有"寸心原不大，容得许多香"的诗句。我想这个许多的"香"，应不只是指香味香气的"香"，还应是包括兰花的历史文化之"香"，即史香、文化香。人性的弱点之一是有时有所爱就有所偏，一旦偏爱了，就会说出不符合实际的话来。友人从京来，说是京中每有爱梅花者，常说梅花在主产我国的诸多花卉中，其历史文化是最丰厚的；友人从洛阳来，又说洛中每有爱牡丹者，常说牡丹在主产我国的诸多花卉中，其历史文化是最丰富的。他们爱梅花、爱牡丹，爱之所至，关注至深，乃有如上的结论。我不知道他们是否考察过主产于我国的国兰的历史文化。其实，只要略为考察一下就可知道，在主产于我国的诸多花卉中，历史文化最为厚重的应该是兰花。拿这几种花在中华人民共和国成立前后所出的专著来说，据1990年上海文化出版社出版的由花卉界泰斗陈俊愉、程绪珂先生主编的《中国花经》所载，我们可看到，历代有关牡丹的专著有宋人仲休的《越中牡丹花品》等9册，有关梅花的专著有宋人张镃的《梅品》等7册，而兰花的专著则有宋人赵时庚的《金漳兰谱》等多达17册。至于中华人民共和国成立后这几种花的专著的数量，更是有目共睹，牡丹、梅花的专著虽然不少，但怎及兰花的书多达数百种，令人目不暇接！更不用说关于兰花的杂志和文章了。历史上有关兰花的诗词、书画、工艺品，在我国数量之多、品种之多、覆盖面之广，也是其他主产我国的诸多花卉所不能企及的。

我国兰花的历史文化来头也大，其源盖来自大思想家、教育家孔子和我国最早的伟大浪漫主义爱国诗人屈原。试问，有哪种花的历史文化有如此显赫的来头。其源者盛大，其流也必浩荡。笔者是爱兰的，但笔者不至于爱屋及乌，经过多方面的考察，实事求是地说，在主产我国的诸种花卉中，应是以国兰的历史文化最为厚重。

如此厚重、光辉灿烂、丰富多彩的兰花历史文化，在我们这一代里能否得到发扬光大，就要看当代我国兰界的诸君了。

弘扬我国兰花的历史文化，其中主要的一项工作是对兰花古籍的整理和研究。近年来已有人潜心于此，做出了一些成绩，这是可喜的。今春，笔者接到浙江莫磊先生的来电，告诉我中国林业出版社拟以单行本形式再版如《第一香笔记》《艺兰四说》《兰蕙镜》等多部兰花古籍，配上插图；并在即日，他们已组织班子着手工作，这消息让人听了又一次大喜过望。回忆十几年前的兰花热潮，那时的兰界，正是热热闹闹、沸沸扬扬、追追逐逐的时候，莫磊先生却毅然静坐下来，开始了他的兰花古籍整理研究出版工作。若干年里，在他孜孜不倦的努力下，这些书籍先后都一一得以出版，与广大读者见面，受到大家的喜爱。

十余年后的现今，兰市已冷却了昔日的滚滚热浪，不少兰人也不再有以往对兰花的钟爱之情，有的已疏于管理，有的已老早易手，但莫磊先生却能在这样的时刻与郑黎明、王忠、金振创、王智勇等几位先生一起克服困难，不计报酬，仍能坚持祖国兰花文化的研究工作，他们尊重原作，反复细心考证，纠正了原作初版里存在的一些错误，还补充了许多有关考证和注释方面的内容，并加上许多插图，有了更多的直观性与可读性，无疑使这几百年的宝典，焕发出新意，并在出版社领导的重视下，以全新的面貌与广大读者见面，为推动我国的兰花事业继续不断地繁荣昌盛，必起莫大的推动作用。有感于此，是为之序。

刘清涌
时在乙未之秋于穗市洛溪裕景之东兰石书屋

馮京第先生造像

庚子右三

前言

　　古时，我国曾有过《夏易》《殷易》等《易》，但它们都早已失传，唯《周易》一书，至今仍尚幸存。《周易》被称为"万经之首"，是中华民族最为深厚的文化积淀，成书于三千年前。它反映了古人以感性知识对自然和社会进行哲学的思辨，传说由伏羲画卦，周文王作辞而成。《周易》是以古人创造阴阳即天地两个符号作为本源，进行三重排列，各以三条短长线段组成八卦，后发展成另用八个字来概括大自然中的主要现象。进而又以八中取二之法，各以有规律的六条长短线排列而形成六十四卦。每卦均以两组有序的符号组成，称为六爻（yáo）。由下往上数，最下的线（一爻）称为"初"，接着是二爻、三爻、四爻、五爻，最上的线（六爻）称为"上"。

　　每个卦都用一个字或两个字来表示卦名。又对每个卦的意思概括上几句话，则称作"彖（tuàn）"，它用阴阳对立统一的规律和法则对照人生、社会和自然变化，作出解释，发表预见。

　　在春秋时期，我国大教育家孔子曾详细地对《易》进行过研究和整理，他根据《易》的精神写了《系辞》上、下两大部分，对《易》的内在精神作了详细的解释。

　　人们要问：《易》有什么用？孔子回答说："……《易》开物成务，冒天下之道，如斯而已者也。"用今天的话来说，就是它可以帮助人们揭开隐秘规律，完成工作任务，能概括天下一切事物运动和变化的规律。《周易》的太极学说是以乾坤作为本源。本书作者冯京第所撰的《兰易》，就是依据《周易》关于天地阴阳万物既对立又统一，而且总是在不断反复变化着的这一哲学思维、哲学观点来观察、思辨兰花的种植和养护，《兰易》上卷的十二卦与下卷的十二章，始终都贯穿"根"与"复"两个字来展开。

《兰言四种》的作者、晚清著名文化人、江宁的杨复明先生赞评《兰易》，说上卷的"天根易"十二卦，是"其文如经"。"经"的意思就是《史记·太史公自序》说："夫春生夏长，秋收冬藏，此天道之大经也。"这"经"告诉我们养兰要认识天道在运行中的变化规律。

杨复明先生又评《兰易》下卷的十二章，"兰花宜忌十二章，其文如传。"这"传"的意思就是，韩愈的《师说》所言："师者，所以传道受业解惑也。""十二翼"语言风趣，全文以一喜一畏相对照的写作手法进行陈述，能解惑养兰的盲处，把艺兰的真谛全面而概括地传授给兰人们。现今四百多年过去了，书中所列各条内容，始终闪烁着对兰花品性的精到理解和养兰技艺匠心独运的华光，即便是今人的我们，读来仍觉得非常贴近养兰实际，既精练又极具逻辑性，还是备感新鲜。我们曾经读过的那些兰花专著，在此书之前的或是之后的，细想内容的深度广度以及写作的方法技巧，哪本书能有冯京第先生所写的这本书出彩？

杨复明先生还评说《兰易》的姐妹篇《兰史》，是"悉仿汉书例说"。"例说"其意就是按类别而说。作者采用比拟的修辞方法，把兰花世界喻作是一个偌大的人类社会一般，人以群分，兰以类聚。《兰史》全文效仿我国汉代大史学家司马迁所撰的《史记》那种形式。作者厚今薄古，以信服人的史实批判了那些腐儒对祖国兰花文化的无知与迂腐，大声讴歌与赞美前进的时代所涌现出的各种新事物。他依据兰花审美特征即品位高低的不同，把各种不同的兰塑造成兰花社会里不同阶层的人物，分别列出君臣、王亲、公侯、将相等等构成一个上下完整，精彩纷呈的兰花王国，告诉我们什么是古兰、什么是今兰、什么是真兰、什么是假兰，好似在游戏中学习兰花知识。写得活泼可爱，饶有趣味，自然地激发起读者的阅读兴趣。

冯京第不露真名，有意构思出这样一个故事：说《兰易》这书是由四明山里一位老农相赠，以宋人鹿亭翁为本书托名作者。要问为什么他要这样做？试想，古今曾有多少人问过同个问题。

冯京第（？—1650），明末清初浙江慈溪人，字跻仲，号簟溪，明贡生，官至兵部右侍郎。鲁王监国，授监军御史。南京破，南明弘光朝覆亡，冯京第起兵抗清，会太湖义军攻湖州，旋兵败，入四明山与王翊、董宁等合军，曾两赴日本搬救兵，未果。鲁监国五年（1650），被部将出卖，寨破被清军俘获，最后英勇就义于宁波。冯京第是明末清初的一位著名学者，为复壮社的名士，也是位抗清斗士，人称"篢溪先生"，留有《浮海记》《篢溪集》等遗著。

《兰易》《兰史》二书，以海宁蒋氏别下斋钞校本为依据，由浙江余姚大兰家、文化人诸建平先生所提供。谨在此书与读者见面之际，我们缅怀诸先生曾为祖国的兰花事业所作出的贡献。

本书全部由衢州学院图书馆馆长周纪焕教授担任审校工作。在此谨表衷心的感谢。

译注者
2020年孟夏

目录

兰易

明·冯京第　著
莫磊　译注

兰易卷上

宋·鹿亭翁著
明·箪溪子校

天根易^[1]

《夏易》^[2]连山始于艮^[3]也，《殷易》^[4]归藏始于坤^[5]也，《周易》^[6]太极^[7]始于乾坤^[8]也，《兰易》始于复^[9]，故曰天根。万物本于根，根本于天，天根本于复。天且有根，而况于万物乎，况于兰乎。

注释

[1] **天根易** 天根：即宇宙万物变化的本源是天地，天地是万物的总根、阴阳的代表；易：是古人研究天地万物穷极深隐和细微的变化，进行哲学思辨的工具。相传《夏易》《殷易》和《周易》都是我国古代的哲学经典。

[2] **《夏易》** 夏是我国历史上第一个朝代。相传为夏后氏部落领袖禹的儿子启所建立的奴隶制国家，建都长安。夏共传十四代，共十七王，后为

商所灭。《夏易》是周前之易，早已不存。

[3] 艮　《周易》八卦之一，卦形象征山。王念孙《疏证》："说卦传云：艮为山，为小石，皆坚之义也，今俗语犹为坚不可拔曰艮。"

[4] 《殷易》　商王盘庚灭夏后，从奄（山东曲阜）迁都至殷（河南安阳）后，从此商朝改称为殷朝。《殷易》也为周前之易，早已不存。

[5] 坤　《周易》八卦之一，卦形象征地。《三国志·蜀书·郤正传》："自我大汉，应天顺民，政治之隆，皓若阳春，俯先坤点，仰式乾文。"指大地能生万物之德。

[6] 《周易》　书名，是研究和思辨天、地、人三者运动变化的规律，寓理广大、周详，产生于战国时代，相传为伏羲画卦，文王作辞。

[7] 太极　中国哲学术语，古称天地原始是混沌之气。《周易·系辞上》："易有太极，是生两仪（天地）。"

[8] 乾坤　乾为天，坤为地。

[9] 复　复卦，是矛盾存在于不断循环与往复之中的意思。

今译

夏，是我国历史上第一个朝代。相传是禹的儿子启所建立的奴隶制国家，有辽阔的疆土，一直传了十四代，共十七王。在《夏易》八卦中的首卦是"连山"，"艮"是它的卦形，释义为国力"坚不可拔"。殷是商王灭夏后从曲阜迁都安阳后所改的国号，殷在《殷易》八卦中的卦形是"归藏"，"坤"（地）是它的卦形，释义为"能应天顺民……皓若阳春"。《周易》首卦则开始于太极，（混沌）初开，天（阳）地（阴）始定之时为本源，有关于对太极的思辨和本源的归宗。即是对天地的认识。我的《兰易》则是依据《周易》八卦和六十四卦，首卦为"复"，释义为对天地循环往复变化规律的认识，所以称为"天根"。按照《周易》的理论，"天根"是万物的本源，也就是事物反复变化的根本。连天都有本源，何况是万物了，更何况是兰了。

☷ **复** [1] 兰十一月卦也，天根大始[2]，兰退藏于室，

震下坤上 元亨。

系[3]曰：知用知藏，易之道[4]也。藏兰勿用，又何咎[5]也？兰然后可大亦可久也。复者，《易》之终始，君子艺兰，以自考也。

注释

[1] **复** "复"是《兰易》十一月卦的卦形，有关的还有"元""亨"等卦辞，释义为大吉亨通。此时已是年底，天与地即阳与阴两股势力在此消彼长中，即将出现大的循环往复。"元"意为万物之始。"亨"意为运动中有大变化大发展。"彖"（tuàn）则是对卦辞意思进行概括和综合，并以不多的言辞作解。

[2] **大始** 犹阴阳在矛盾中暂时统一以后，新的、多的、大的矛盾又将会开始。

[3] **系** 释义为相关联的成组（成套）的事物。系是《兰易》每个卦中名目强调某个方面的管理环节，如环境、气温、光照、灌溉、施肥、避暑、御寒、通风、除窖、防病等组成的系列措施和要求。

[4] **道** 阴阳矛盾的统一规律称为道。

[5] **何咎** 何：疑问代词，什么；咎：困难、灾祸。

注：《兰易》是采用《易经》的形式所写，文中的《系》《彖》说的内容皆为本书作者冯京第所创。
本文中"系说"是《兰易》各卦以《易经》说卦用象数相类似的形式，叙说兰蕙的采觅、栽植、培育、管理等一系列相互关联的内容，对它们的因果作长期考察，分析、研究的说法。

象说："复"是《兰易》十一月卦的卦名，言天地阴阳在不断往复中又将面临新的起点，此时尚处寒冬，兰花及时移放于朝南多阳光的室内。冬季是四季至终，正预示着温暖的春天即将来临，新的一年又将天翻地覆从头开始，并不断发展壮大。

系说：懂得"该用"（栽培、观赏）与"该藏"（避冷、避热）是处理阴阳之间在矛盾运动中的法则。天气入冬，寒气逼人，兰花难以抵御，入房"藏"身以顺应天理，还怕有什么灾难？度过了不利于兰生长的严冬时光，新一年和暖的春天便接踵来临，由此万物苏生，又到了兰花壮大滋荣生长的一年。让它们尽情地享受天地所赐予的一切！所以"复"（天地间不断循环往复）就是《易》自始至终的道理。希望艺兰的朋友们能联系自己的实践，多多地观察和体会这些道理。

☷☱ 临^[1] 兰十二月卦也，纳日自牖^[2]，吉^[3]。

兑下坤上

系曰：日至自南向之有喜也，自冬至于孟春^[4]，浇可已^[5]也。天煦^[6]土干浇有之矣，旬以为期^[7]，微润勿止^[8]也。

注释

[1] **临** 是《兰易》十二月卦卦名，卦形为兑下坤上，是六十四卦之一。《周易》："临"象征为泽上有地。释义为阳刚浸润着阴柔而逐步上涨。预示着要及时做好新一年的春耕准备工作。

[2] **纳日自牖** 纳：接受；牖（yǒu）：窗户。意为接受从窗户照进的阳光。

[3] **吉** 吉利，大吉。

[4] **孟春** 农历春季三个月中的第一个月即正月，二月为仲春，三月为季春。

[5] **浇可已** 已：结束，停止。科学地说应是浇水量可以减少些，不能绝对停止。

[6] **天煦** 煦（xù）：天气晴朗和暖。

[7] **旬以为期** 旬：农历每月分为三旬，以十日为一旬，文中言兰花浇水时间前后间隔为十天一次。

[8] **微润勿止** 微：稍微；润：言土壤有一定湿度但不过湿；勿：不要；止：停止。

今译

象说："临"是《兰易》十二月卦名，卦形为兑下坤上，象征为泽上有地。《兰易》释为十二月是阳刚稳健，阴柔处在逐步上涨的势头，此时天气尚处于寒冷，可接纳从窗户照进的阳光，对兰过冬是大吉大利之举。

系说：南来的阳光温暖可爱，最为兰花所喜欢。从冬至时节到正月的第一个十天里（孟春），原则上兰花可停止浇水，但如见盆泥太干，可挑天气暖和时浇些水，前后间隔时间约为十天，如盆泥没有达到微润程度，浇水还是不能停止。

☰☷ 泰[1]　兰正月卦也，阳道[2]将长，与兰俱[3]开。
乾下坤上

系曰：春日向阳乘时[4]也，时有[5]余寒，复闭置[6]也。莫不仁[7]于春雪，叶之灾也。厥性好风[8]，宜高台[9]也，台高不过[10]五尺，亢阳方来[11]也。向南倚北[12]，左林右野，居之宜[12]也。

注释

[1] "泰"　是《兰易》正月卦的卦名，卦形为乾下坤上，释义谓阳刚小者前往，阳刚大者回来，吉利。

[2] 阳道　意为内卦乾阳不断显出兴盛。

[3] 俱　全，都的意思。

[4] 乘时　利用机会，趁机。

[5] 时有　不时（常常）会有。

[6] 复闭置　复：仍旧，重新；闭：关闭；置：移兰入室。

[7] 莫不仁　莫：非常；不仁：不喜欢。

[8] 厥性好风　厥：其（代词）；性：个性，特性；好风：喜欢风。

[9] 宜高台　宜：适宜，适合；高台：用砖，石或木头筑起的平台，以抬高置放兰花的位置，可迎风纳阳。

[10] 不过　不超过。

[11] 亢阳方来　亢（kàng）阳：阳光极盛。《孔颖达疏》："上九亢阳至之，大而极盛。"

[11] 向南倚北　朝南靠北，

[12] 居之宜　居：给兰安家；宜：最为合适，舒适。

今译

　　象说："泰"是《兰易》正月卦的卦名，卦形为乾下坤上，泰也是天的别称，象征天地相交而万物相通，乾阳刚健、坤阴柔润，"三阳开泰"此时兰正逢吐花释香，非常吉利亨通。

　　系说：在阳光明媚的春日里，乾阳追逐虽日益刚健，但有时常会有严寒趁机突然来袭，遇到这种天气，要赶紧移兰入室，重新关闭门窗避寒，兰最不喜欢的是春雪，它的株叶如遭雪打，必致灾而萎。兰有喜风的特性，最好能筑起高台来置放它们，台高不可超过5尺（一米左右即可），就能够得到极盛的阳光。最好能建个坐北朝南、左（西）边有树林、右（东）边临旷野的兰舍，那可是兰们最喜欢的好处所！

大壮 [1]

乾下震上

兰二月卦也，见风雪凶 [2]。

系曰：霜雪既消，出于中庭 [3] 也。庭广多阳，庭狭多阴，必有方 [4] 也。虫啮 [5] 其叶，不亦伤乎。削竹为箴 [6]，除去殃 [7] 也，油帛 [8] 以拭 [9] 之，法之良 [10] 也。洒用鳞羽之沉 [11]，亦可以灭形也。束 [12] 之纵横，风之防也。蛛网必除，蜂俟 [13] 必除，除秽之象 [14] 也。

注释

[1] **大壮** 《兰易》二月卦的卦名。卦形为乾下震上，释义为乾刚震动，大而雄壮，顺利成长。

[2] **凶** 严厉。

[3] **中庭** 中国古老的庭园建筑结构。四围有建筑物，中间留空称中庭，可作栽植花木等之用。

[4] **有方** 得法，有办法。

[5] **啮**（niè） 咬食。

[6] **箴**（zhēn） 竹签

[7] **殃** 灾祸。

[8] **油帛** 指植物油；帛（bó）：小块的布。用小块的布蘸油。

[9] **拭**（shì） 涂搽，擦刷。

[10] **法之良** 好办法。

[11] **鳞羽之沉** 沉：汁。谓鱼鳞、鸡鸭毛汁水。

[12] **束** 把兰株四散开的叶子用细绳带扎成一把，称叶束。

[13] **俟**（sì） 慢慢过来。

[14] **除秽之象** 秽：丑陋；象：现象，迹象。《楚辞·离骚》："不抚壮而弃秽兮，何不改乎此爱？"

今译

　　象说："大壮"是《兰易》二月卦的卦名。乾下震上是它的卦形，释义为乾刚震动，大者壮也。二月，阳刚逐日盛大，但此时仍会有冷空气侵袭，还会有风雪交加的恶劣天气。

　　系说：霜雪消融，庭园广，阳光多，显得暖和；庭园小，相对会阴多。必须根据实际环境条件把兰安置得法。

　　发现小虫咬食兰叶，伤害程度会非常严重，可用竹签尖端细心剔除害虫，也可用小块布蘸油少许，擦去兰叶上的害虫，这些办法都挺好。还可用鱼腥水、鸡毛水等浇洒兰叶，也能消灭害虫。把披散的兰叶用细绳带扎成一束，可防大风吹折兰叶。见蜘蛛来结网要清除，飞来游弋的蜂蝶要驱逐。总之上述所有做法，都是为了去除丑陋，使兰生长得更加焕发。

夬[1] 兰三月卦也，有风从西来吝[2]。
乾下兑上

系曰：去寒就燠[3]，必位乎其所[4]也。灌水汲[5]于河，且贮雨也。豆麻皮鳞及毛羽也，渍[6]之为肥，三春[7]之所用也。灌则四注[8]，勿洒乎上也。上洒[9]之致叶黄也，茗汁[10]以涤[11]之，黄去而复常[12]也。

注释

[1] 夬（guài）　《兰易》三月卦的卦名。意为有决断性，《周易》夬义释为"决定，刚决柔也"。兑："沼泽也"。

[2] 吝　遭遇艰难。

[3] 去寒就燠　燠（yù）：暖和。驱除寒冷立即会变得暖和起来。

[4] 位乎其所　位：就位，喻寒去暖来；所：合适，得当；犹暖和来得正是时候。

[5] 汲（jí）　取水。

[6] 渍　沤制。

[7] 三春　春季的第三个月称三春，又称季春。

[8] 灌则四注　须围绕兰株四周浇水。

[9] 上洒　即给兰灌水要由上向下洒落。

[10] 茗汁　茶叶泡出的汁水。

[11] 涤　清洗干净。

[12] 复常　恢复成寻常的面貌。

象说："夬"是《兰易》三月卦的卦名，意义是有决断性。乾下兑上，它的卦辞为阳刚果决制服阴柔。此时，兰会不断遭遇西来寒风侵袭。

　　系说：赶走寒冷，和暖就会来到，这样的让位是必然的自然规律。此时已到兰生长期，要存贮雨水、河水以备浇灌，取豆荚、壳麻皮、皮角、鱼鳞、羽毛等沤制好肥料，准备在三春时给兰花上肥。

　　给兰浇水、施肥，要沿盆内四周匀浇，不可从叶顶洒落在叶面上致兰叶色变黄，倘沾上变黄，可用茶汤水洗涤，能使黄色褪去，可恢复为原来的绿色。

≡ 乾[1]　兰四月卦也，香生于天，利见大人[2]。

乾下乾上　　　系曰：水清浊有宜[3]，慎勿用井[4]也。三日为期[5]，夏之正[6]也。灌必未明或日未升也，再灌以曛黄[7]，是为经程[8]也。

注释

[1] **乾**（qián）　《兰易》四月卦的卦名。乾为天，象征天的运行刚健有力，是《周易》六十四卦的首卦，是纯阳之卦，象征"健"，释义为元亨（大亨通），利贞（无所不利）。

[2] **大人**　品格操守高尚的人，亦称贵人，是尊称那时玩兰的人。

[3] **有宜**　须选择合适的。

[4] **井**　井水。

[5] **三日为期**　期：期限。指前次与下次浇水间隔时间。

[6] **夏之正**　真正是到了夏季的时候。

[7] **曛黄**　犹日暮或称黄昏之时。《南史·朱异传》："每逼曛黄，虑台门将阖。"

[8] **经程**　程序。

今译

　　象说："乾"是《兰易》四月卦的卦名，乾下乾上，它的卦辞释义乾为天，乾则"健"，是纯阳之卦，元亨，利贞。阴历四月间，阳刚运行更趋稳健，天气已离正夏不远，此时春兰早已谢花，蕙兰应时正放花释香，利于爱兰的大人们尽情玩赏。

　　系说：水有清浊之别，宜选清者浇兰。井水不可用，需小心。给兰浇水的时间，通常间隔三天再浇。盛夏时节给兰浇水，早晨要赶在天色未明之前或太阳未升之前；晚间如盆泥过干，再需灌水时，必须等到太阳下山以后，黄昏之时。这些都是养兰人需要认真遵循的程序（规矩）。

姤[1] 巽下乾上 兰五月卦也。辟[2]暑雨小[3]，有悔无咎[4]

系曰：自夏徂[5]秋，恒[6]避日也，雨三日以往[7]，宜入室也。雨往日来，骤致下热[8]也，伤根及叶乃大有害也。肥以救湿，亟[9]不败也，败叶必剪。自治[10]也。

注释

[1] **姤**（gòu）　《兰易》五月卦的卦名。释义为否姤复泰，相遇，善好。其意谓柔遇到刚，终了极了。

[2] **辟**　通避；即躲避的意思。

[3] **小**　谨慎，小心。

[4] **有悔无咎**　有悔：有困厄；无咎：没有灾难。

[5] **徂**（cú）　至，到。

[6] **恒**　长久。

[7] **三日以往**　三天至多日。

[8] **骤致下热**　骤：骤然；致：导致；下：指盆土。犹盆土因受雨变湿，阳光一照又突受热，泥温不断升高，导致兰根蒸郁。

[9] **亟**　屡次。

[10] **自治**　对自身形象的整理。

兰易　兰史

"姤"是《兰易》五月卦的卦名，其意为柔遇刚，不可与长。它的卦形是巽（xùn）下乾上象说：兰需小心躲避初暑天的强阳、大雨，协调柔与刚的关系，达到有困难却无害的目的，使兰能安全度过夏季，这便是吉利。

  系说：从入夏直到秋季是高温时期，兰需遮阴避烈日。倘遇有三天以上的接连大雨，兰最好入室避雨。当大雨过后骄阳重来，必骤然致高湿的盆土增温，使兰根兰株直接受到极大伤害。雨后，则可通过施肥救湿的办法，屡试屡灵。见败叶必须剪除。愿爱兰的人们能时时提醒自己。

遁^[1]

艮下乾上

兰六月卦也，阴伏^[2]以下，不为水困。

系曰：六月维暑^[3]，何可当也？水亭^[4]凉架^[5]，各于其方^[6]也。华^[7]大盛则衰，来兹穷也^[8]，长兄去^[9]，弟大有功^[10]也。

注释

[1] 遁　《兰易》六月卦的卦名。意谓遁亨，说明遇不利因素时采取逃遁。

[2] 阴伏　潜伏。六月衍暑，阳刚大盛，阴柔趋弱，采取潜伏可得到平衡。

[3] 维暑　维：接连；暑：暑热天。

[4] 水亭　水榭，建在近水边的亭阁。

[5] 凉架　采取搭阴棚给兰遮阴的方法。

[6] 各于其方　各自都有对付的办法。

[7] 华　华即花。

[8] 来兹穷也　来兹：来年；穷：少的意思。犹花苞过多会消耗大量营养，来年发草开花显得乏力。

[9] 长兄去　比拟摘去过多过早成熟的花苞以集中营养。

[10] 弟大有功　功：功力，力量。比喻留下的花苞具有足够的能量放花。

象说："遯"是《兰易》六月卦的卦名，意谓逃遯而平安也。它的卦形是艮下乾上，释义为六月盛暑，阴柔避隐，如阳刚能处于恰当位置，就能与采取伏势的阴柔相互呼应，不可让兰为了水而受困。

系说：六月盛暑，连续高温，兰花生长大大不利，如何设法才是得当？可以把兰置放在水榭边，也可在近水边搭起阴架，把兰置放架下以蔽荫，兰人们各有自己的好方法。花开得过多，会因养料消耗过大从而变得衰弱，致使来年草小花无。如能摘去部分提前成熟的或过多的花苞，能积聚足够的营养物质，那么留下的花苞必然会力足花大，能充分展示其美，就像兄长离家后，把所省下的一切都留给了他的弟弟，弟当会大有好处那样。

否 [1] 兰七月卦也，蠹去 [2] 湿 [3] 出，利贞 [4]。

坤下乾上　系曰：秋阳维 [5] 烈，荫之为贵 [6] 也。驱蚓有术 [7]，溺中 [8]，甚快也 [9]，然后用水，未悖 [10] 也。

注释

[1] **否**（pǐ）　《兰易》七月卦的卦名。意为否闭也；言天和地不相交，便成为否闭。

[2] **蠹**（dù）**去**　泛指危害兰花的昆虫被除去。

[3] **湿**　以中医"湿"的学说而言之，因人体组织内细胞的水含量超过适度，就会引起免役力下降，容颜衰老，虚胖乏力等症状。作者认为兰生蚧壳虫等寄生虫是体内过湿所引起，如人生了湿症一样。

[4] **利贞**　指有利于所做之事。

[5] **维**　继续保持。

[6] **为贵**　最好的方法。

[7] **有术**　有办法。

[8] **中**　行，即肯定其方法合理。

[9] **甚快也**　收效快又好。

[10] **未悖**（bèi）　没有违反道理、规律。

象说："否"是《兰易》七月卦的卦名。坤下乾上是它的卦形，卦辞为"天地否"，释义为乾坤相叠，阴阳否闭不相交。内卦是小人，邪气上升；外卦是君子，正道受挫。此时于兰容易受害，需消除介壳虫等滋生。兰花没有了虫害，病害，它的抵抗力增强了，就会有美好的容颜。

系说：秋阳仍继续着它高温的威力，暑气难消，仍以继续搭棚架遮阴保护兰的办法为佳；蚯蚓入盆土害兰，用小便浇兰盆中的泥土，蚯蚓顿出，然后即用清水浇灌几次，以冲净小便，收效又快又好。这方法可不是荒谬之举！。

☶ 观[1] 兰八月卦也，壅灌以时[2]，华落[3]气滋[4]。
坤下巽上

系曰：热则用水，凉则用肥。至于八月有事[5]也，花退[6]，浇培自此始也，焚牛之骨，用其灰，肥之尤[7]也。

注释

[1] **观** 《兰易》八月卦的卦名，是《易经》中的第二十卦"风地观"，释义为以客观的态度观察天下一切，可免行动失误。卦形为坤下巽上，意谓坤是大地，有母亲仁厚之心，要以中正的眼光看待事物。巽为风，所谓一帆风顺，犹事情就会顺而又顺。

[2] **壅灌以时** 壅：把土壤肥料培在植物根部；灌：浇水；以时：按时。

[3] **华落** 华：即花，古时花与华二字相通；落：落定，着落。意犹花苞已经形成。

[4] **气滋** 生长繁茂。

[5] **有事** 即特别需要加强管理工作。

[6] **花退** 指已经形成的花苞，因肥水管理不当而衰退萎败。

[7] **尤** 特别；非常。

今译

象说："观"是兰易《八月》卦的卦名。卦形是坤下巽上，要强调以公正、客观的态度去观察和分析，一切事情可免失误，都能顺利成功。八月是兰蕙栽培的关键时期，要特别重视浇水、施肥、培壅等工作，明年此时新花已经孕蕾，需使植株繁茂，草色青润。

系说：农历八月入秋，天气往往多变，时凉时热，天气热时可多用些清水浇灌兰花；天气凉时可改用薄肥浇施几次。农历八月是兰花在一年中的第二个生长期，养护工作又多又忙。特别要注意已有胎朵的花因管理不当而受损退花，所以此时开始，灌浇培护工作尤其显得重要。把牛骨烧煅后研灰作兰肥，其肥效在肥料中该是特别的好。

䷖ 剥[1] 兰九月卦也，分群类族[2]，元吉[3]。

坤下艮上

系曰：上畏[4]陨霜[5]，下蚁食也，投骨饵之膻[6]，慕意[7]也。是月何晦[8]？分种亟[9]也。三岁之丛，根可折也，根老者芟少[10]，足惜也。其种篦[11]如以三为节[12]也。宿[13]中，新外，根各有合而相得[14]也。撑土[15]欲浮不欲实也。盆底窍[16]之风气，不相塞也。革履芒鞒[17]，敝[18]勿弃也。烧土种之，以为铺屑[19]也。

注释

[1] **剥** 系《兰易》九月卦的卦辞，释义为以柔变刚。

[2] **分群类族** 根据兰不同的品种和类别，作好系统的归档工作，以作日后查考之用。

[3] **元吉** 卦辞。元：元本亨通；吉：吉祥、吉利。

[4] **畏** 害怕，不喜欢。

[5] **陨霜**（yǔn） 古人称结霜为陨霜。《论衡·感虚》："邹衍无罪，见拘于燕，仰天而叹，天为陨霜。"

[6] **膻**（shān） 牛羊肉的气味。

[7] **慕意** 慕：引诱；意：目的。

[8] **晦**（huì） 是农历每个月的最后一天。本句为反问，意谓因离月底的时日已经不多，要求很为迫切。

[9] **亟**（jí） 急切。

[10] **芟少**（shān） 少量除去。

[11] **种篦** 量词，兰草株的意思。

[12] **以三为节** 节：一个段落。即以连体的三株为一块。

[13] 宿　陈旧，老。

[14] 合而相得　合：聚合；相得：即聚合一起，互助互利，相得益彰。

[15] 揜土　揜（yǎn）：其意为掩。即在根周围掩盖上泥土，又称壅土、培土。

[16] 窍　洞，孔，指盆底排水孔。

[17] 草履芒鞒　草履：皮鞋；芒鞒（qiáo）：草鞋。

[18] 敝　无用，没有价值。

[19] 铺屑　培养土，植料。

今译

象说：剥是《兰易》九月卦的卦名。剥柔则刚也。此时兰可翻盆，并做好品种分类等工作。

系说：时值秋季，兰花有两不喜欢，盆上不喜结霜，根下尤怕蚂蚁作窝，咬食兰根，盆边可放熟肉骨，蚁群因喜肉香味被引出。可知到九月底还有几天？翻盆分种的最佳时日已经不多，急需抓紧进行。要注意三年龄的兰株才可分拆，对于老草，可少量分出另植，仍是弥足珍贵。分种的草以三株为一体，老草放盆中间，新草朝盆外边，而根相连一起，能够相互照应，共同繁荣。新的培养土要缓缓放入，宜松而不可实。盆底之孔有排水透气的作用，切不可闭塞。破旧的皮鞋草鞋虽已无什么大的价值，但也不要丢弃，可把它们烧成灰末，铺在盆土面上有肥花的作用。

坤 [1]　兰十月卦也，万物终始[2]，藏[3]于天根。

坤下坤上

系曰：阳月[4]华胎[5]，灌宜肥也。戒[6]之为分种后时[7]也。阴往阳来[8]，气含滋[9]也，藏于月窟[10]，复于天根，是为阴阳之枢机[11]也。

注释

[1] **坤**　即地也，坤以厚重载万物，弘阔广大，能顺天而行。

[2] **万物终始**　万物：形容地球上一切的动物植物，有生命之物和无生命之物等；终：末尾、结束；始：开始、开端。指当年的结束和下一年将伊始。

[3] **藏**　隐藏。

[4] **阳月**　即农历十月。

[5] **华胎**　犹花苞在包壳内不断发育成熟。

[7] **戒**　禁止做某件事，文中意为停止施肥。

[8] **后时**　指做某件事要适时宜，如果过了时间再去做，就称后时或过时。

[9] **含滋**　描写兰花生长繁茂，形象丰美。

[10] **月窟**　神话传说的月中宫殿，文中比拟兰过冬时入室深藏。

[11] **枢机**　紧要机关，即枢纽，关键之处。

今译

象说:"坤"是《兰易》十月卦的卦名,其卦形是坤下坤上。坤释义大地,它以厚重载万物,化育广大,是一切事物能够繁荣昌盛的依靠。它顺应(藏)着天(天根)而共同运行。由此万物生息又将临岁终,而新的循环往复又在天的本源开始。

系说:农历十月,兰花花苞正在孕朵,在分种之前,最宜补充孕蕾肥,植株分种后再去施肥则属于过时之举。在这阴柔正离去,阳刚正走来的前夕,兰花正繁茂青葱地深藏在暖室中,即将勃发放香于天根新的往复之时,这就是所谓阴阳两极平衡与调和的关键。

　　箪溪子[1]曰：《兰易》[2]一卷，受之四明山[3]中田父[4]。书端称宋·鹿亭翁[5]著。按"郡县志"[6]："山有鹿亭，今迷不知处[7]，无问[8]作者姓氏矣。"要是[9]宋代隐士易道[10]，盛于宋，授受明，而家学众不意[11]，更有《兰易》如此。兰于万物一草也，而书可谓《易》，岂即万物各一太极之旨[12]邪[13]？但其书都不言象数[14]，直说事理，此固[15]宋人之为《易》也。与其文拟易辞，似善《易》者用韵亦然，俗学鲜能通之[16]。所论种溉之法，简而尽近而不秽[17]。他日入四明鹿亭，接山林[18]，将绝之统称异代弟子[19]，此书其颛门之业[20]也。

　　抑今[21]兰草生江南楚越闽[22]中者，皆非"屈骚"[23]所树、所纫。然天地开辟几万千年，真兰既微[24]，而此兰晚生幽谷，乘时为帝[25]，气味卓越，始知世间有"王者香"。正如汉高奋迹[26]，徒步系统三代[27]；腐儒呶呶[28]犹为兰者真伪之辨。天下所君，则即真矣，何伪之有？如人言甘者名菊，苦者名薏[29]，今菊为时所尊贵者，皆不必味甘有黄华[30]也。他若布有棉花可代裘纻[31]，器有倚卓[32]可代几席，茶可为饮，枣可蒸酒，毫为笔，烟为墨，鱼网藤竹为纸，可代简[33]，漆书[34]可代版镂[35]之类。周孔[36]以前，岂曾知此耶？凡后今之制，胜于前古者多矣，必将求[37]所谓"九畹十晦"[38]，而后种之皆反古之谬民[39]耳。夫屈公[40]尝不解有梅[41]，不闻梅以见遗《骚经》为嫌也。君子随时[42]育物爱养之道，于兰必尽心焉，故有取乎此书。

古易氏赞曰：跻仲[43]著论[44]，极言[45]英雄与盗贼不同。盖方正统未定[46]，真人[47]未出时，此自有王有霸，不可与僭窃[48]、篡逆[49]同条而论。如"迁史"[50]列项"世家"[51]，《陈志》[52]鼎分三国[53]，魏文[54]贞请[55]为李密[56]立碑是也。今人于此一切追书[57]，黜之为伪朝[58]，不使英雄裂眼地下邪[59]？其论议，动骇流俗[60]如此然。此正其是非不诡圣人处[61]。今复[62]为兰草辨，去一伪字，略同此意，抑[63]兰自此坐得正统[64]矣！

注释

[1] 簟溪子　是本书作者冯京第的号，冯以剡县（嵊州市）四明山有一条剡溪，或因"剡""簟"同韵谐音而取了这个意为剡溪的读书人——簟溪子这个号。

[2] 《兰易》　是明人冯京第以模仿《周易》的形式所写就的兰书。

[3] 四明山　在嵊州市、余姚市一带，属天台山的支脉，是曹娥江和甬江的分水岭，主峰在浙江嵊州市东北，多松柏竹林，历史上一度盛为道教、佛教的活动处所。

[4] 田父　即老山农，是虚说在山上赠《兰易》给簟溪子的人。

[5] 鹿亭翁　是本书作者冯京第为《兰易》一书所起的作者名。虚拟"郡县志"载古时四明山上曾有一座鹿亭，今人已不知它在何处，也不知该

书作者其名，述《兰易》是宋代一位易道的隐士自称是"鹿亭一翁"所写，后此书在明朝时传给了山里的一位老农（田父）收藏，书上写有"宋·鹿亭翁著"几个字，但当时那众多研究《易》的学者们竟都不懂得这《兰易》所写的内容。

[6] **郡县志**　地方志之统称。

[7] **迷不知处**　迷：迷津。孟浩然诗："桃源何处是，游子正迷津。"处：处所，某个地方。

[8] **无问**　没有办法打听到的事情的原由。

[9] **要是**　研究。

[10] **隐士易道**　隐士：旧社会有声望而不愿做官，逸居深山里的读书人；易道：研究《易》的学者。

[11] **不意**　不了解，不重视。

[12] **太极之旨**　太极：故称天地原始混沌之气。《周易·系辞上》"易有太极。是生两仪。"旨：意思。

[13] **邪**　语气词，表示疑问或反诘，吗、呢等。《资治通鉴·汉桓帝·建和元年》"义之所动，岂知性命，何为以死相惧邪？"

[14] **象数**　谓《易经》中对每个卦所象征的自然变化和人世休咎关系的说明辞。

[15] **固**　固然，本来，定然。

[16] **俗学鲜能通之**　俗学：浅陋平庸的学识水平；鲜：很少；能通之：能懂得，能理解。

[17] **不秽**（huì）　指文中所述不杂乱。《后汉书·班固传》："瞻而不秽，详而有体。"

[18] **山林**　借代隐士。王勃《赠李十四》诗："野客思茅宇，山人爱竹林"。

[19] **异代弟子**　即末代徒弟。

[20] **颛门之业**　颛：颛顼（zhuānxū），传说中的上古帝王名，号高阳氏，生于若水。居于帝丘（今河南濮阳西南），曾命重任南丘之官，掌管祭祀

天地和民事之责，是谓田父在山上所遇那位赠《兰易》一书的易道隐士，是出身在古代河南汝水的名门高阳氏家族的末代弟子。业：家业，财富。一说这《兰易》一书是颛门的传家宝。

[21] 抑今　意为如今，而今之意。

[22] 楚越闽　楚：周代诸侯国，立国荆山，后迁都于郢，为战国七雄之一，后人把湖北河南等地称为楚地。越：春秋十四列国之一，相传始祖为夏少康庶子无余封于会稽（绍兴）。春秋末，越王句（gōu）践攻吴，领土向北扩展，后人称绍兴一带为越地。闽：古民族名，聚居于福建省境。为五代十国之一，五代梁时，王审知封为闽王，其子王延钧称帝今福建地，国号大闽，后人称福建省为闽地。

[23] 屈骚　楚人屈原的作品《离骚》之简称。

[24] 微　隐蔽，隐藏不清。

[25] 乘时为帝　乘时：趁，顺应。《汉书·贾谊传》"乘今之时，因天之助。"帝：有最高地位和权威者。

[26] 汉高奋迹　汉高：汉高祖（公元前256—前195）刘邦，字季，沛县（江苏）人，曾任泗水亭长，秦二世元年（前209年），陈胜起义，他起兵相应，称沛公，初属项梁。

[27] 徒步系统三代　徒步：指平民百姓；系统三代：言皇位一代接一代传承长久，自公元前202年—公元220年，为汉朝统治时期。

[28] 腐儒呶呶　腐儒：迂腐平庸的文化人；呶呶（náo náo）：形容人说话撅嘴的形象，即说话不着边际，说不出所以然，令人生厌。

[29] 薏　即薏苡（yì yì），多年生草本植物，茎直立，叶披针形，颖果卵形，灰白色，果仁叫薏米，色白，可食可药。

[30] 黄华　华：通花，菊花的泛称，因菊花多黄色。

[31] 裘纻　裘：皮毛；纻（zhù）：苎麻纤维。先时人用来做服装原料。

[32] 倚卓　即椅子、桌子。

[33] 简　用竹片做材料削制而成的古书。

[34] 漆书　用生漆涂在布上替代木板制作成的印版。

[35] **版镂** 用木板雕刻的印版。

[36] **周孔** 周：周文王，商末周族领袖，姬姓，名昌，统治时国势强盛，建都丰邑（陕西西安），在位50年。相传曾参与了《周易》太极八卦学说的编写工作。孔：孔子，名丘，字仲尼，鲁国陬邑（山东曲阜）人，春秋末期思想家、政治家、教育家。他在50岁时开始研究《周易》，有《易系辞》上和下等许多论述传后。

[37] **求** 寻找，探求。本文犹讥讽那些一味"崇古"的人，动辄搬出"老古董"的那一套，把人引导到错误的路上去。

[38] **九畹十亩** 引《屈原辞·离骚》："余既滋兰九畹兮，又树蕙之百亩"句。作者本意是以栽兰之多，比喻自己曾为国家培养了许多有用的人才。原辞句为"百亩"，本文误写为"十亩"。

[39] **皆反古之谬民** 皆：全都是；反：通"返"；谬：错误的话。即借用古老的一些事物，用来表达自己的观点，全都是欺骗人的荒唐之言。

[40] **屈公** 是对楚爱国诗人屈原大夫的尊称。

[41] **尝不解有梅** 尝：曾经；不解：不懂得冷香、傲骨、疏枝等意思的理解与欣赏；有梅：有关于梅的说法。

[42] **随时** 紧跟着时尚（代）的脚步，与时俱进。

[43] **跻仲**（jī zhòng） 即冯京第，字跻仲，号簟溪，浙江慈溪人，明代官员，曾任兵部右侍郎，明末后即归隐鄞县，浙东四明山"易道"，对《周易》有深刻的研究。（注：冯京第是明末的浙江人；冯京是北宋大臣，鄂州江夏（武汉）人。故两人不可混同。）

[44] **著论** 撰写评论学说观点。

[45] **极言** 极力主张。

[46] **方正统未定** 方：当今；正统：封建王朝先后相承的系统；未定：尚未确定。

[47] **真人** 帝王之意。

[48] **僭窃** 僭（jiàn）：冒用；窃：偷取。

[49] **篡逆** 篡：夺取；逆：背叛。

[50] "迁史"列项"世家" "迁史"：是指司马迁所撰《史记》。

[51] 列项"世家" 世家：旧时泛指门第高，世代作官的人家。把有人认为是逆贼的项羽排列在世家里作介绍。

[52] 陈《志》 陈：陈寿（233—297年）字承祚，巴西安汉（今四川南充）人。蜀灭后，入晋为官。陈寿是蜀汉臣子，归顺晋朝后先后任佐著作郎，著作郎，治书御史，光禄大夫之责。《志》：为陈寿所编写的《三国志》。

[53] 鼎分三国 记叙了自汉末至晋初的百年中，中国由分裂走向统一的历史全貌。在《三国志》叙写中，陈寿把当时社会认为奸邪诈伪，阴险凶残的乱世奸雄曹操写在《本纪》中，称武帝记。而称刘备为先生，称孙权为吴主，却是把他们分别写在《列传》中。陈寿认为"汉末年，天下大乱，英雄豪杰四起之时，曹操能运筹帷幄，踏平天下，精于谋略，不念私交，是个智勇杰出的人物。"

[54] 魏文 魏文帝曹丕，字子桓，谯（安徽亳县）人，曹操次子，文学家，三国时魏国的建立者，他确立和巩固士族、门阀在政治上的特权。

[55] 贞请 贞：占卜。《周礼·春宫天府》："以贞来岁之媺恶。"请：敬辞，希望做某件事。

[56] 李密 （224—387）西晋犍为武阳（四川彭山）人，字令伯，一名虔。少仕蜀为郎，蜀汉之后被晋武帝征为太子洗马，他以父早亡、母改嫁，与祖母相依为命，因上《陈情表》固辞，后任太子洗马、温县令、汉中太守等职。

[57] 追书 回溯，称后人补写的文章。

[58] 黜之为伪朝 黜（chù）：贬低；伪朝：谓非正统的，非法的政权。

[59] 裂眼地下邪 裂眼地下：意谓死不瞑目，文中为死者因受到不公对待而愤怒不平，难以安心长眠；邪：语气词，表感叹或疑问，相当于啊、吗、呀。

[60] 动骇流俗 动骇：所说言论使人听了惊讶不已；流俗：流于俗套。

[61] 是非不诡圣人处 诡：欺诈。即圣人面前是不能说谎欺骗的。

[62] 复　再次，一次又一次地。

[63] 抑　或许，也许。

[64] 正统　封建王朝先后相承的系统。欧阳修《正统论下》："夫居天下之正，合天下乎一，斯正统矣。"后泛指嫡传的或直接的继承皇位，一统天下。

今译

篁溪子说：《兰易》这一册书，由当时浙东四明山里一位老山农所赠给，书的开头文字表明作者是宋代人鹿亭翁。查考《剡县志》等郡县志，记载着："四明山上曾有座鹿亭，今已迷失不知详情。也已考查不到作者的真实姓名！"

那时易道的隐士们对《周易》与道教的研究情况，最为兴盛的时期当是宋代，后来又传承到明代。可是后来的那些道家和《易》学者们竟都没想到或不知道这段史实，对于《兰易》一书的重视和研究，那就更是漠不关心了。

说到兰，它乃是天地间万千物体中的一草，而被称为兰之《易》的这书，不就是万物之一归宗太极吗？纵观《兰易》一书，书中却没有提到解说事物变化的"象数"，而是用直截了当的言辞来说有关兰花的事理。这种行文的方式方法，固然具有宋人写《易》的特征。从文章结构的严谨性看，无疑是《易》，再从辞语运用看，也的确出于一位善于写《易》的高手，对韵律的运用，也是同样的好。一般学识浅陋平庸的《易》学研究者，怎么可能对《易》的哲理和精髓论述得如此深刻和通透呢？书中论说兰蕙栽培、灌溉等道理和方法，能做到简明而贴近养兰人的实际，没有啰嗦的话。有一天，去四明山鹿亭迎接一位被称作异代弟子的"关门"隐士，知道了《兰易》此书是河南高阳氏名门祖上的传家之宝。

如今生长在江南一带山中的兰，通通都不是屈原在《离骚》中所歌颂的那种所栽植所纫佩的兰。然而自从盘古开天辟地几万千年以来，那种所谓真兰的形象，一直都是模糊不清的。而被后人所发现的那生长在深山幽谷里的兰花，它具有气味芳香和绰约含秀的形象，才让人们知道人世间有真正的"王者香"！它们乘着这大好时机，早被人们深爱和栽培，就像汉高祖刘邦善用计谋，步步奋进，一统大汉民心，代代承续长治久安，只有那些平庸又迂腐的所谓"读书人"，却还在喋喋不休地唠叨着古今兰花真伪的老话。

兰如同天下所有能成为君王的人那样，既然是君王当然都是真正的君王，请问谁是假的？如古时有人说味甜的称菊花，味苦的称蕙苡。而今菊花早被人所熟悉，不必再用味甜、色黄等这样的标准去鉴别真假了。其他如用棉花纺织成布，可替代皮毛、麻等来制作服装。家具桌椅可替代几席，茶可作饮料，枣可蒸酒，兽毛可制作笔，烟末可做成墨，鱼网藤竹可作造纸原料，再用纸印书，替代笨重的竹简，漆书可替代木板雕刻印版等等。在周文王和孔子生活的年代前，这一切之事，人们怎么可能知道呢？凡是后人所做之物的式样和规模，今胜于昔的多着呢！如果玩兰栽兰非得要去追求"九畹十畦"那些违背、歪曲前人本意的错误之说，只不过是欺骗老百姓的谎言罢了。或许那时候屈原大夫还不曾懂得对梅花铁骨、冷香、孤傲等美学的鉴赏，因为在他的《离骚》辞里写了许多花木，却没有看到一句对梅花的言辞。爱兰的朋友要明白培兰、育物等这类事，都须跟着时代发展的脚步前进的这个道理，对于兰花必定会尽心尽力去爱护它们，这正是能够得到《兰易》这本书的意义所在。

研究古《易》的人称赞：跻仲（冯京第）的论著中极力主张英雄与盗贼不同的观点，当时因天下王朝相承未定，皇帝还没有出来就座，这个时候天下自然会出现称王称霸的人，但不能把这样的人跟盗贼和叛逆者一概而论。如汉代人司马迁在他撰写的《史记》里，不按"败者为寇"的常言，却要专门把项羽排列在本纪里作介绍。陈寿以十年之功编撰的《三国志》是一部记载中国三国鼎立时期的曹魏、蜀汉、东吴三国的国别史，他煞费苦心地只把被人说成杀贤人、拒进谏、阴险凶残的一代枭雄曹操，写到《三国志》本纪里，称"魏武帝（曹操）是超世之杰，非常之人。"魏文帝曹丕深深地被李密出身微寒，却能不断奋进的事迹所感动，他经过占卜，主张要为李密立纪念碑。但后人所写有关这些事的文章，竟一概贬斥这些英雄都是"伪朝"。这不是让睡在九泉下的英雄不能闭上眼睛，要让他们感到难过和愤怒吗？这些错误的议论，都不过是欺骗普通老百姓的谎言，正应了"在圣人面前，是非颠倒的谎言，必定是欺骗不了的"这句话。

追古思今，必须再一次要为今兰正名，该是去掉说它们 是"伪"（不正统）的这顶帽子了。上述三个事例，内容虽各不相同，但意思却如此相似。或许此后我们所喜爱的那乘时为帝，气味卓越的兰可以堂堂正正地被视为正统的了！

兰易卷下

明·篁溪子辑

十二翼^[1]

养兰之道^[2]，备^[3]于天根易，明者述之，以时措之^[4]宜也。然兰之性情^[5]、德业^[6]，有书言所不尽者。窃尝^[7]折衷^[8]百家之说，以衍其义^[9]。凡为传十有二章，是为《易翼》^[10]。

注释

[1] 十二翼　翼：翅膀。喻《兰易》所派生出的十二章分说。

[2] 道　道理，方法。

[3] 备　完善，满足。

[4] 以时措之　应时作出安排、处置。

[5] 性情　生长特性。

[6] 德业　心意，道德，事业。即精神内涵。

[7] **窃尝** 窃：谦指自己（意见）；尝：曾经。

[8] **折衷** 折中。对几种不同意见进行调和。

[9] **以衍其义** 衍（yǎn）：扩充，盛多；义：意思。

[10] **《易翼》** 旧时把《易》的上象下象、上象下象、上击下击、文言、说卦、序卦、杂卦称为十翼，传说是孔子所写。本书则仿《十翼》之形式在《易》的上经和下经部分的六十四卦中择出其中十二卦，称名为《兰易·十二翼》，它从十二个方面以对比的方法分别概括出兰"喜"与"畏"的本性。

今译

蒔养兰花的哲理和方法，已经在天根易中讲得十分完备，明白这个道理的人说：能不失时机处理和安排好各项兰事，这是最为恰当的。可是兰的生长特性和精神内涵，存在着书本不能说得尽然的地方。我曾归纳折衷百家的不同见解，试图让内容更加丰富，今将其汇编成十二章，称名为《兰易·十二翼》，以一喜与一畏对比地进行陈述。

喜日而畏暑

兰以冬春之日为慈父母，以夏日之日为暴王苛政。故冬月只宜置小室南窗下，无风则开窗纳日，而盆宜标记，四向轮转晒之[1]，来年花始四发。兰出庭中宜架木棚[2]，上绷[3]苇箔[4]卷舒，常使阴多于日，夏秋炎阳，宜谨覆荫[5]。

注释

[1] **轮转晒之** 即兰盆要不断轮转位置，使兰株能均匀接受光照，利于生长和起花。

[2] **木棚** 用木条搭起的棚架，高约三米上铺芦帘，可为兰遮阴。

[3] **绷** 拉开绳子，摊平苇箔。

[4] **苇箔** 用芦苇编成的帘子。

[5] **宜谨覆荫** 须细心认真平整地覆盖好遮阴的芦帘。

冬春时节的阳光对于兰，犹如孩子喜爱父母所赋予的温暖一般；夏秋时节的阳光对于兰，却似成了施行苛政的暴君那样。所以冬时兰最适宜放置在有南窗的小室中，天气暖和无风时可打开窗门迎接阳光。盆子最好作有标记，需经常不断地转换角度，使整盆植株都能均匀接受光照，来年花开满盆四发。兰出户置放庭中后，就应搭好牢固的木架，架下放盆，架上准备盖芦帘遮阴，帘缝要紧密得宜，使遮阴的多于露阳的，以满足兰喜阴的生活习性。夏秋天气炎热，阳光炽烈，芦帘朝展晚卷，遮阴工作繁琐辛苦，需耐心谨慎坚持认真做好。

喜风而畏寒

风有阴阳，故有温寒之异；兰常欲通气，以宣郁[1]除湿。然而冬春之风，皆其所畏。谚云："藏迟出早，枝叶不保；藏早出迟，冬春有时。"十月尽[2]收，二月尽出，虽避气寒[3]，亦避风寒[4]也。然南北当视地气及节候[5]为之消息，不可一例。风雪人知提防，不知春风之害，凛[6]于冬风，春雪之灾，酷[7]于冬雪。每见岭南诸花来中，土常以早出，受春风而萎。春雪一点，着叶即枯，故断自清明，始可出也。至辟寒[8]之方[9]，向日为上策。一法：用蜡渣糁[10]根旁，不止[11]祛[12]寒，且大补益。一法：用鹿粪壅之，取其最暖。二法宜择一用之，围以草囤，覆以糠粃，此下策矣。夏秋受风畏摇折，此须插竹架束[13]，可焉。

注释

[1] 宣郁　宣：散发；郁：郁积，意言排除浊气。

[2] 尽　全部，完全。

[3] 气寒　气温所致的寒冷。

[4] 风寒　冷风所致的寒冷。

[5] 节候　中国农历有二十四个节气，以不同节气表示着不同的气候变化规律。

[6] 凛　凌冽，形容寒冷得特别厉害。

[7] 酷　严酷。

[8] **辟寒**　躲避寒冷。

[9] **方**　办法。

[10] **糁**（shēn）　碎粒。

[11] **不止**　不仅只有；不光是。

[12] **祛**（qū）　除去。

[13] **插竹架束**　束：叶束。即把细竹竿插兰株丛边，再用细线系住叶束，可防大风吹折。

今译

　　风的来源有东南西北不同的方向，所以风就会有寒冷暖和之区别。兰花性喜通风，才能散发出体内、盆内的湿热。然而冬春两季的风却都是兰所害怕的。有民谚说："兰株进房迟，出房早，枝叶准不保；兰株进房早、出房迟，冬春都有规定时。"十月兰应全部进房，到来年二月再全部出房。这样做既能避气温方面的寒冷，也可避寒冷如刀的北风，然而兰的进房与出房时间还需根据南北地气的不同，并同时联系节候而灵活对待，不能死板一概。寒风冰雪，人都知道提防，但往往不知道春风之凛冽要超过冬风，春雪的灾害，要比冬雪严酷。每每看到南方广东等地的各种花木引来我国中部栽培，常常因过早出房，被春寒风一吹就枯，被春雪一点叶即萎。可以断定非得到清明节后，兰才可以出房。至于避寒的方法，使花木能向阳为最好办法。又一法是，把蜡的碎粒铺撒在兰根周围，不但有驱寒的作用，而且还有肥性，能给兰以大补。再一法是，用鹿粪壅盖在盆面兰株旁，取其性热，对兰有暖和的作用。以上两种方法可根据条件选择一种用之。

　　兰不入房，而选草团围住兰草，上盖稻谷筛出的糠秕，这实在是个下策！兰在夏秋虽喜风，但同时又怕风摇株折叶，须要插竹架，用线轻轻吊搏住兰花叶束。

喜雨而畏潦

雨为百花酒，少则病渴，过则病酲[1]。春月多雨，兰斯困[2]矣，时方[3]吐芽，伤湿即有不秀之忧，宜以人溺和水解之，补泻[4]兼用，兰之良药也。凡四时雨多，即宜用溺解湿，盖溺性燥，能去根下积水耳。雨三日以往为霪骤[5]，则加苫[6]覆，久则移入室中避之。

注释

[1] **酲**（chéng） 酒醉致神志不清。喻兰株因水分过于饱和致烂根等发病，兰草也没了生气。

[2] **斯困** 斯：斯时、这时；困：困顿、疲惫不堪。

[3] **方** 正在。

[4] **补泻** 补：滋养；泻：即把有害物质排出。中医调理疾病的方法。

[5] **霪骤** 霪：霪雨，过量的、连绵不断的雨；骤：急而突然的雨。

[6] **苫**（shān） 用稻草或茅草夹住竹片编成的片状物，可用来遮盖东西。

雨水，对于所有花木而言，好比是能活血的酒。雨水过少，花会口渴干枯致病；雨水过多，花就像人喝醉了酒，致使神志不清那样没有了亮丽的生气。春天时节多雨，这时疲惫困顿的兰出房不久，正处在吐新芽的时候，如遇过多雨水，兰株恐怕会尽失秀美的形象，可用人的小便和水稀释后浇兰加以解决，这是给兰以进补与泄泻并用的良方！一年四时中凡遇雨多时，都可用小便来解湿，因小便其性干燥，能去掉根下积水。三天以上的连绵大雨，则称为霪雨、骤雨，兰需要盖上草苫或移入室内避雨。

喜润而畏湿

养儿宁饥毋饱，养兰宁干毋湿。俗云："若要小儿平安，常带三分饥寒。"悟此可以养生[1]，可以格物[2]保兰。兰经云："兰根中多水，可经半月。"立春后每十日以肥水一洒土上，以春宜壅也。四五月间，雨润即不可复灌。盛夏新秋，虽天时酷热，土内未燥，不可伤于浇灌。故夏月无雨，亦以三日为节[3]。七月，即视土燥而后浇，不定限三日。九月后旬，尤当慎灌，恐一夜冰冻，不可救也。冬月，验视土润，即不须水。若燥，则待天气和暖，昼日南窗，以冷茶或洗面水、雨水微洒之。兰以每夜受天露为上，浇水次之。花时入室，尤忌浇水，惟不可久隔雨露。五六月后，即宜移出。浇肥水时盆底泄出落水奁中则污浊，宜于架上通作水路，归输于一缸，则又为惜水法耳。若砌台安盆，尤宜此法。

注释

[1] 养生　保养身体。
[2] 格物　推究事物的道理。
[3] 三日为节　节：时期、时段。即兰花浇水以三天循环一次。

　　有人常以育人喻栽兰，说养儿宁稍饥而勿过饱，栽兰宁稍干而勿过湿。民谚说："若想小儿平安，常需三分饥寒。"明白了这个道理，人可以保养好身体，可以推究出事物发展和变化的道理，也可以养好兰花。养兰的经典里说："兰根肉质部细胞内富含水分，可经受半个月不给补水。"农历立春后，每隔十天，盆泥上要浇一次肥水。开春时，最好盆面上培加些肥土，到了四五月间，有小雨润盆土，不用重复再浇水。盛夏和新秋时日，天气虽然酷热，如果盆土内部还没有干燥（盆土高温未退），就不可马上浇水，以避免兰伤于灌浇，所以夏天即使没有雨，也仍以三天作为前后浇水的间隔期。七月里，先要察看盆土确已干燥（盆土高温确定已降）后再浇水，时间不死板规定要间隔三天。在九月下旬，尤其要小心灌水，谨防寒潮，恐一夜里突然冰冻，以致兰来不及抢救而遭损。冬日里检验盆土，如土润，就不需浇水，如土已干燥，也需等有天气和暖的白天，待阳光从南窗照进兰室时，用冷茶水、洗面水或雨水微洒即可。

　　兰以每晚能得到自然的露水为最好，人工浇水只能说次之。开花的要搬进室内，尤忌浇水，唯一要注意的是不可长久不接受雨露。五月六月以后，兰应全部移出室外，置放于庭中，浇肥水时，盆底排水孔排出的水如积于盆底的垫盘里，使盆盘变得污浊，最好在架上做好"通水路"使脏水能重新流贮一缸。这又是一种节约用水的好办法！如果专门装砌兰台的，更应事先考虑好积水的装置。

喜干而畏燥

灌法：春月肥水，十日一次；夏月清水，五日一次；盛夏，三日一次。但觉笋叶[1]枯瘠[2]，即以肥水助长，麻屑水[3]为佳。秋八月时根叶失水，渐见叶色枯黄，即宜用大肥水。

注释

[1] 笋叶　即正在放叶的兰蕙新株。
[2] 枯瘠　意为兰缺少所需的水分和养分。
[3] 麻屑水　用榨过油的芝麻屑沤熟后做成的肥料，再经水稀释后可用作兰肥。

今译

给兰株浇灌肥水的具体要求：春时要用肥水，频率可十天一次；夏天需用清水，频率为五天一次，盛夏时改作三天一次。如果新芽开始放叶时感觉肥力不足，立即用麻屑水加清水稀释后浇兰助其生长，效果最佳。八月秋高气爽，空气湿度小，兰株根叶极易失水，如渐见叶色变黄时，要立即用较大的肥水加以急救。

喜土而畏厚

闽人口诀云："种兰宜浅，土深难展；瓦砾垫半，枝枝蕃衍[1]。"盖盆中半截，实以碎瓦，则土少下虚，雨过即干，不致伤湿，根不下行，花叶自茂！一法：用蛳螺净壳；一法：用水浮炭[2]。此较瓦砾皆更玲珑[3]也。又当置一竹签，时时插入疏根，使土常松乃宜。

注释

[1] 蕃衍　同番，逐渐增多，犹生长良好。
[2] 水浮炭　木柴燃烧后留下的炭，质轻，能浮于水面。
[3] 玲珑　明澈、空明的样子。

今译

福建的养兰人中，流传有这样的谚语："种兰根宜浅，土深根难伸；碎瓦半盆垫，草壮株满盆。"盆内下半截均以碎瓦代泥，形成虚空，上截用土则量少，雨过能即干，有利于排水通气，可免兰因过湿之害，也可免兰根往下疯长，自然兰株就会长得花繁叶茂！尚有两种材料可用来垫盆底：一是用洗净的螺蛳壳；二是水浮炭。这些材料比瓦砾都要显得空明、轻巧、均匀。还可准备一根竹签子插在盆边土中，以便随时可用来疏松盆土。

喜肥而畏浊

养兰之法，全在炼土[1]，土经炼过，则助其肥暖。空地，浓粪浇其上，仍以松土之□□[2]一法；梅粪[3]又浇，翻转又晒，待其干极筛过，调水作雨[4]处。俟冬至后，随盆大小酌尿淬之[5]。乃打碎破草鞋，放厕中浸月许，日所热气[6]，每种以十刀细剉碎[7]，铺兰根下。以土□三分，和匀藏于碎，更覆土面，防雨溅渣滓□。

取山上蕨根，连市火烧屋土[8]，筛过极细用之。干草约三四层，过于燥，一取山上黄土煅过，火气易透，煅后模捶碎[9]，筛过，各一半和匀种，粪浇入。如此，凡曰煅[10]过之土，宜和以溺用。粪有火烧处，水冲，若人粪为过热，总宜露中散泥炼如土。法一可用也，下雨，则覆以草荐[11]。恐，取出拌黄泥晒，皆愈久愈佳。隔年预制更妙之，听其日暴雨，黑土最佳。兰骤移[12]失性[13]，此土用园土七分，打以阴气助之[14]，则滋润易长。然共三分和用，若不发，至萎弱者有之，大抵沙伏中用松土撒去其浊燥，而亦可免于蚁蚓，盖之晒数日加雨后，取城市沟壑中烂泥晒□，碎为灰，置无饼再暴干，烧火煅红取出，以□加之一法用。更用猪牛骨烧灰，冷水淋□□，水中汰净以分之。炼土四分、沙三分、骨灰□，用瓦砖打极，阴室三月后方可。

　　我植一法，□新笋或取城土，取之晒干打碎，每层铺以然。屋有石灰，恐，发火煨之。或以砻糠藉土，使筛细，及铸锅土[15]锄细，用清粪[16]和入，晒干再以之[17]，最易生发。或数番干收藏用。

　　一法取山上太肥粪，宜用羊浮泥[18]，再寻蕨苗[19]曝干，复以前共火气秽气[20]方法。收旧草鞋，浸尿桶中，日久肥暖尽散耳。此干煅过、击碎铺地，用浓粪盖。一说山岩缝中淋雨三月后，收起听用。一法积年流聚阴湿碎，收干羊粪或鹅粪加以沙，失于收晒气寒，土坚硬，再加沙入。

　　一法六月土之剂，肥暖松细，四义尽之。离土入盆，非肥无以补；天气离南来北，非暖无以辅。地气松，则通气而利水，使苗易以发。细则疏湿而去寒，使根得以培。灌溉用诸肥水，无纯用肥理，清水以雨水第一，贮久绿色更佳。池水河水次之，不可用井水，以性寒也。惟冬月可用，此时井水暖耳，然不必用之。肥水只用人溺，若人粪，以水和之，二分粪一分水，宿[21]则更佳。或用燖鸡、治鱼、屠宰诸汤[22]，或以鸡鹅等毛浸之，或用皮屑浸水和以人溺，半月后用之。或麻肤[23]，或豆饼，或生豆，皆以浸水，俟臭过用之。或用豆末[24]泡热入坛，亦俟臭过可用。此皆肥水可代粪者也。盥浴等汤亦佳。

用肥节候，十月一次，十一月一次，芽生五寸亦一次，花开后一次，初种时一次，初发芽时慎不可用。总之，每月须肥，视其根叶消息，多者二三次，立夏后即止。至秋冬复可用，八九月花退[25]，泥薄，宜加壅、灌壅，宜肥沙及用牛骨灰铺壅一层，最肥。并绝蚁蚓之入，或用麻肤拌肥土薄铺一层，亦最滋茂，且除生虱之患。牛骨焚灰说，见前喜肥论中，要将水乘热淋去火气、研细始用。闽兰宜牛骨灰、其粪，稻谷[26]亦专用之。此殆[27]土性然[28]也，灌用前浸毛羽诸水，或半粪半水。凡用肥，须于入暮，盆冷、沙土燥白时，次早即必以清水解之，使肥下根则发箟[29]无蔓衍[30]之患。

兰易卷下

注释

[1] 炼土　犹经加工、配制而成的兰花植料。
[2] □□　本篇文中多处出现该方框符号，意思可能是原稿里该字形不清楚，致后人无法辨认而用"□"替代。

[3] **梅粪** 经沤制腐熟后的粪便。

[4] **调水作雨** 即细眼喷壶洒出的水。

[5] **酌尿淬之** 酌（zhuó）：使用；淬（cuì）：浸入。犹泥土在用时先在尿液中浸过。

[6] **日所热气** 放在阳光下晒干。

[7] **刬碎（cuò）** 折伤、弄碎。

[8] **连市火烧屋土** 连：和；市：场地；火烧屋土：俗称老屋泥，系屋前屋后及老屋倒后留下的泥土。即蕨根连同老屋泥在空地里熏煨烧煅。

[9] **模捶碎** 用棒槌敲打致碎。

[10] **煅** 经火烧过。

[11] **草荐** 用稻草或茅草编成的片状垫子，可用来遮盖防雨。

[12] **骤移** 指兰花骤然迁移原地，突然改变生长环境条件。

[13] **失性** 不能适应植物本身所固有的生长习性。

[14] **打以阴气助之** 打：置放；阴气：阴湿之处；助：帮助。意为把刚移栽的兰要放置在较阴并湿度较大的环境里。

[15] **铸锅土** 经敲碎成末的破旧生锈烂铁锅。

[16] **清粪** 粪池里选出粪渣下沉的粪液。

[17] **以之** 才可以使用。

[18] **羊浮泥** 山上黑色表土。犹山羊粪等自然风化而成的腐殖土。

[19] **蕨苗** 常生山间的一种野菜，多年生草本植物，嫩叶可食，根状茎可制淀粉，《诗经·召南·草虫》："陟彼南山，言采其蕨。"

[20] **火气秽气** 炽热并夹杂污秽之臭气。

[21] **宿** 陈旧。意指日久已腐熟透的粪便。

[22] **燖鸡、治鱼、屠宰诸汤** 燖鸡汤：退鸡鸭毛的水；治鱼汤：治意为整理，即去除鱼身杂物经清洗后的水；屠宰汤：意为退猪羊毛的水。

[23] **麻肤** 芝麻的外皮壳末。

[24] **豆末** 豆腐渣或豆饼。

[25] **花退** 犹兰蕙花期结束，谢花之后。

[26] **稻谷** 指稻谷外壳砻糠或秕谷。

[27] **殆（dài）** 大概，恐怕。

[28] **然** 如此，这样。

[29] **发篦** 即兰蕙生发新株。

[30] **蔓衍（màn yǎn）** 不断生长壮大。

今译

　　要养好兰花，关键是炼土，经加工炼成的泥土，其性暖和肥沃。方法是选空地松土，浇上浓粪，待干后取其土。

　　炼土是用上述粪土再加浇腐熟大粪，经太阳晒干，再把土块翻个面，晒至干透，筛去杂质，收起堆贮，上面用喷壶洒些水，存贮到冬至后再用。另将肥池中浸过一个月左右的破草鞋，经日晒干后以每只约十刀切得细碎成末，根据盆的大小而定碎末多少，再与上述所存之炼土约三分，和匀后铺于兰蕙根下，尤要覆盖好盆面，以防雨水将渣滓从盆内溅出。

　　一法是采山上连根蕨草晒干，和老屋泥一起，在空地经火烧过后筛去粗渣，筛出的细土可以用来栽兰。或取晒至极干的草一层，再取山上黄土盖住干草，草上加泥，泥上又加草，共三四层，然后点火，缓慢地煅煨致透，做成焦泥灰后用棒槌子敲碎土块，过筛。再将粪与焦泥各半浇入相和，匀后就可用来栽兰。凡是经这样锻炼过的泥土，应加上些人尿后再用比较恰当。

　　粪经火烧后，用水冲过，如若还觉其性过热，最好还是选取上述堆在露天的土，即开头介绍的备用炼土。遇雨时泥上可盖上草垫防雨，如有漏湿的可取出来拌上黄泥再晒。上述这些经加工后的炼土，存放时间越久越佳。如果是隔年取用，则更妙，经任其日晒雨淋，已成黑土，那就是最佳之土。当兰株骤然翻盆或分株迁移时，为避免失性，可用上述的三分炼土拌和七分菜园土栽培，并将兰盆置放到阴凉、通风的地方，能使兰株滋润易长。然而虽采以三分炼土与园土合用栽兰，如果仍有苗株衰弱难发的，那就先要除去盆中污浊不洁的泥土，再换上疏松的新土来种，这样做还可免去蚂蚁蚯蚓的搔扰。

又有取城市边沟壑中（无油污及有害物）的烂泥，经数日之晒，把泥块打成碎末后再经日晒干，然后再经火煅成红色，取出再加入人尿，这又是一法。更有用火将猪牛骨烧成灰，趁热时用冷水淋过，并清洗干净至细粒可分，再以炼土四分、沙三分、骨灰三分相混后，置放在用砖瓦搭起旳极阴之处所，经三个月后方可使用。

本人栽兰所采用的一种方法，则是取晒干的竹笋和老城泥（恐掺有石灰的老城泥不可取），老城泥经晒干打碎，每层加干竹笋铺之，然后用火来煨。或以砻糠加土经筛细，再加锄得细碎的铸锅土和入清粪，晒干后再用。用此炼土栽兰，最易生发。还可再经几番煅炼，晒干后收藏备用。又有一方法，是取山上太肥粪，最好是采用山上由羊粪积成的羊浮泥，加晒干的蕨草，两物数层相叠后用火煅煨透后用。

尚有一方法，是收旧草鞋浸于尿桶中，日久后臭气、肥热尽散，再经晒干，用火煅过，打碎铺在地上，最后浇上浓粪备用。另有一说是把加过浓粪的草鞋碎放到山上岩石缝中，经自然中日晒雨淋三个月后，收回备用。

还有一方法，是搜集山间多年经细流积聚于阴湿处的干山羊粪或鹅粪等相混之沙土。如失于收晒，气寒，土质较坚硬的，可再加多些沙。再有一方法，是采六月时的壤土，因这个时节的土，具有肥、暖、松、细四个方面优点，十分完备。兰从离土后进入盆中，如不靠肥料补充，还能有他物可以代补吗？以天气（气温）而言，兰自南方来到北方，如不靠加温加暖，还能有什么可以辅助吗？泥土疏松，能使兰通气而又利水（蓄水排水性好），兰苗容易生长发展；泥土较细，可以疏湿而驱寒，能使兰根舒适生长。

无论给兰用何种肥料，绝对没有施用纯肥的道理，必须经清水稀释，清水以雨水为最佳。积贮久些的清水，色会变绿，那就更佳。池水、河水较次之，井水因性寒不可用，但在冬时又可以用，原因是冬天井水要暖和些，但井水并不一定是非用不可。施肥可只用小便，若用人粪，必须加水稀释，大致以二分粪、一分水，腐熟的粪更佳。或用退鸡毛的水、洗鱼水、杀猪羊用过的汤水，也可用鸡鹅等毛经日久浸出的水，或用皮屑浸出的水，半月后和以人尿再用。也可用芝麻壳肤、豆饼、生黄豆等，都可以浸在水里，等臭气消失后使用。或把黄豆煮熟、研碎，趁热装入坛中，也须待无臭气后才可（和清水稀释过）使用。上述这些东西都是可用来替代粪作肥料的，还有洗过脸、洗过澡的汤水（此"二水"今人多不再用）。

　　适宜兰花使用肥料的时节是十月十一月各浇一次，新芽长到5寸时可浇一次，开花后及上盆后各浇一次，但初发芽时须谨慎，不能用肥。总而言之，兰花每月都须用肥，多的约为二三次，需观察根叶的生长情况，斟酌而定，到立夏以后用肥须立即停止。到秋冬季节时才重新再用，八九月间，（建兰）花谢、盆泥肥力已显不足，可采取"壅土法"与"灌浇法"并用，以肥土掺和牛骨灰在盆面壅上一层为最肥，并可防蚂蚁、蚯蚓侵入盆中。亦可用芝麻壳肤拌所制肥土薄铺一层，也能使兰花生长得格外滋润繁茂，同时还可免生兰虱（介壳虫）之患。关于牛骨烧灰的方法，可参看本文前面"论喜肥"这一节，要求骨灰焚烧后，趁热尚未退去时即用凉水淋去火气，并经研细后才可用。建兰常用牛骨灰、人粪、稻谷等作专用肥料，大概也是考虑到土性。"灌浇法"则参考前面介绍的：用各种禽类的羽毛所沤成的水，或者采取粪和水各一半给兰施肥。

　　凡是给兰施肥，都须到太阳下山（黄昏）之时，等兰盆泥土热量散去，并见盆泥干得色已变浅后再动手施肥，必须在第二天早晨向施过肥的盆泥里补浇一次清水，土壤所含肥料浓度会得以降低，能使兰根继续吸收肥分，有利于分生新株和滋荣壮大，又可避免去肥害之患。

喜树荫而畏尘

此兰本名幽兰，故虽喜日暖亦喜树荫，酷日、暴雨、狂风，树皆能为兰御[1]之耳。惟最畏尘埃及糠芒[2]诸屑，寻常净扫地，勿使近碓磨[3]，若见飞尘，当洗刷去之。即水奁[4]中，水面亦不可积尘，恐蚁偷渡也。有蛛网亦须除去。

兰易　兰史

注释

[1] 御　抵挡。意为树对兰有保护作用。
[2] 糠芒　稻麦等禾本科植物的子实外壳上长的针状物。
[3] 碓磨　碓：舂米用的石臼；磨：磨粉用的石磨。
[4] 奁（lián）　盒子或盆子。

今译

时人所栽的兰又称为"幽兰"，它的特性虽喜光喜暖，但同时也喜树荫，不论遇骄阳、暴雨还是狂风，大树都能为兰作抵御保护。唯对灰尘和壳芒等末屑，却也显得无能为力，所以平时兰人要勤扫地、扫净地，不可把兰置放在靠近粮食加工的地方，如见兰叶上有了飞尘，应当立即拭去。即使是把兰盆放在水盆里，水面也不能有浮尘，以防止蚂蚁等有害昆虫，借水面所积浮尘作船偷渡去咬食兰花。如见有蜘蛛结网也应立刻除去。

喜暖气而畏烟

冬月严寒，室中不嫌有火气[1]，但不可逼火[2]及入地坑之室[3]耳。性最畏烟、湿、炭，且恶之亡，论[4]灶突野烧[5]矣。

注释

[1] **不嫌有火气**　不嫌：不在乎，没关系；火气：生起火炉子给兰房增温。

[2] **逼火**　逼：逼近，过于靠近。

[3] **地坑之室**　犹将兰放于地下室或坑道内。

[4] **且恶之亡**　且：而且，并且；恶：做坏事的坏人；亡：死亡（枯萎）。意为造成兰死亡的原因。

[5] **论灶突野烧**　论：指定是；灶突：烟囱；野烧：烟囱散发出的酷热。

今译

冬季里天气严寒，兰室中需放入火炉子，给兰以供暖增温，这是很需要的但不可将炉子与兰靠得太近，也不要把兰放到地下室的坑道里。因兰性喜通气，怕烟熏、怕潮湿，也怕过旺的炭火，并且造成移放在灶边兰花死去的原凶，指定就是连接大火灶的烟囱散发出的酷热。

喜人而畏虫

"传"[1]曰:"男子种兰,美而不芳。"夫妇女犹能以自然之性[2],合兰之天[3],而况于君子,体风骚之遗[4],得哀乐之中者[5]乎!

故兰虽生于幽谷,喜得人护,喜受人赏,喜附人暖气。凡南方畏寒诸花,虽窖藏,或不活,惟着人卧榻后[6]者无恙,此以知人气之暖,能御天气之寒也,且人所居兼有火气耳!

若虫有六:为蚁,为鼠,为蚓,为蜘蛛,为虱,为小蜗诸虫。兰根最甘,鼠喜食之,故冬不可暗藏土窖[7]。蚁不为大害,而花蕊一点甘露珠,名为兰膏,人所不可多取,每为蚁唼[8],灭去精英[9],故必水衾高架,以绝其渡[10]。有蚁,则以膻骨[11]贮蛋壳中引去之。有蚓,则以人溺淋去,而后用水解之。或云十月始可淋溺,他时为之伤兰。蜘蛛喜结网,叶间当去虱。点生叶上是虫之窠,虫形至微,目不可见,能食兰精气至焦枯。二月时阴晴不定,雨后日出,急宜遮盖。若湿叶见日,即生白点如瑠玳[12],所云"鹧鸪斑"[13]也。用竹针轻剔去,不尽,宜用麻油和黛[14],或研蒜和水,用新笔蘸洗之。或鱼腥水及瀹[15]蚌蚬汤频洒之[16]。或取菜、麻油调温汤候冷，以青绢布[17]蘸洗之。或舍[18]绢布用发。或舍油用冷茶。或以水一碗入一盏煎油[19]，过冷一宿[20]，待天将雨，遍洒叶上，雨下则油注及根，虫乃尽落。或夏用皂角[21]，秋用炉灰浸水，既为灌肥，亦专杀虫。遇一盆生虫，即移他盆远处，此虫能度[22]好叶上，防之如防痨病也。凡风气不通，则气郁而生虫，故宜时用竹签疏[23]之，如洗竹法[24]。又若花叶萌芽时，有小蜗虫及小虫食之，须察视驱除。

[1] 传　指西汉淮南王刘安等所著的《淮南子》一书，录内21篇、外33篇，现只流传内篇，书中以道家思想为主，糅合了儒、法、阴阳五行等。

[2] 以自然之性　认识到能依据某物（本文指兰花）的自然特性。

[3] 合兰之天　迎合兰自然生长的天性。

[4] 体风骚之遗　体：领悟到，体现出；风骚：《诗经·国风》与屈原《楚辞·离骚》之合称；遗：风范，泛称君子的儒雅气度。

[5] 得哀乐之中　得：得到、获取；哀乐：爱怜与快乐等丰富的心理感受。

[6] 卧榻后　卧榻：睡觉的床铺；后：四围。

[7] 暗藏土窖　暗藏：移放在密闭而不通气，不透光照的地方；土窖：即地坑，地下室。

[8] 啖（dàn）　吃，吮吸。

[9] 灭去精英　灭去：立即消失；精英：精华，精气，即形成万物的阴阳元气。

[10] 绝其渡　绝：断绝；其：意指蚂蚁；渡：即经水路间过往。

[11]膻骨　牛羊骨所具有的一种特殊气味，称膻气，人用此骨引蚂蚁出来取食。

[12]瑇玳　即玳瑁（dài mào），海洋里一种形似龟的爬行动物，甲壳为黄褐色。文中喻介壳虫的形象与其相似。

[13]鹧鸪斑　鹧鸪（zhè gū）一种形似母鸡的鸟，背毛有紫红色斑点。文中形容兰叶上所生的虫似鹧鸪鸟身上的斑点，俗称兰虱。同文中有"叶间当去虱，点生叶上是虫之窠，虫形之微，目不可见……"和"若湿叶见日，即生白点如瑇玳，所云"鹧鸪斑"也，用竹针轻剔去……"两处所写均为兰虱，即介壳虫。其品种多，有白蜡蚧、红蜡蚧、吹绵蚧、糠片蚧等。

[14]黛　即粉黛，古时女子画眉用的青黑色颜料。

[15]瀹（yuè）　煮也。

[16]蚌蚬汤频洒之　蚌蚬汤：用河蚌等蚬贝类的肉煮熟后的汤作肥；频洒：经常多次地施浇兰株。

[17]青绢布　青：蓝色或黑色；绢布：手帕一样的小块方布。

[18]舍　舍弃不用。

[19]一盏煎油　盏：其形小于碗的杯，即一小杯；煎油：熬制过的菜油或麻油。

[20]过冷一宿　过：经过；冷：冷却；宿（xiǔ）：一个晚间。

[21]皂角　落叶乔木，枝上有齿，羽状复叶，总状花序，花淡黄色，荚果和树皮可入药。

[22]度　到达，爬到。

[23]疏　清除。

[24]洗竹法　谓用凤尾竹、罗汉竹、紫竹等小型竹为材料制作成的盆景，常因不通风而滋生介壳虫，古人常用"油水合剂"淋浇或"竹签剔除"之法加以消灭，故称"洗竹法"。

西汉淮南王所著的《淮南子·内传》说："男子种兰，美而不芳。"妇女尚且能懂兰的自然习性，栽培中能迎合兰的天性，何况是对于君子艺兰，更应体现出读书人的儒雅风范，在艺兰中不断提升自己的人品，领会感悟，获取愉悦。

兰虽然生长于清幽的山谷，能无人自芳，但它们喜欢得到人的呵护，喜欢得到人的赏识，喜欢与人亲近，得到人的抚爱。凡是来自南方的各种花木，几乎全都怕冷，人们虽设法把它们深藏于地窖里防寒，却仍然难活，唯有那些置放在人的卧室、床边的，都能安然无恙。由此可知人所给予的暖和能抵御天气的寒冷，乃因人所居住的房子里是有一股子热气的！

说到致兰受害的虫大致有六种，即蚂蚁、老鼠、蚯蚓、蜘蛛、兰虱、蜗牛。兰根味甜，老鼠最爱吃，所以不可把兰藏放在阴暗潮湿无光照的土窖里。有人觉得蚂蚁是无大害的小虫，可知花簪上的那点甘露是兰花的精华，维系着兰的生命，人知道不能伤了它们的元气，却被蚂蚁在人不觉中将其吮吸一净，因此要把开花的兰盆放到大的水盆中，并搭架搁起，四面皆水，不让蚂蚁有"渡河"的机会。如发现兰盆有蚁，可用熟的牛羊骨头放在蛋壳中，用膻气引诱蚁群出盆。兰盆中如有蚯蚓，可用人尿淋浇盆泥将其逼出，并当即用清水冲盆泥，务须多次，以解尿害。也有人说一年中须到阴历十月后才可以用，别的时间用尿都会致兰伤根败叶。还要注意蜘蛛喜周边结网和叶间生虱。兰叶上见有白点，这就是兰虱（介壳虫）的窠，它形状微小，肉眼难以看清，专吸兰的精气致兰枯焦。农历二月里，天气阴晴不定，雨后紧接着又日出，应尽速用芦帘遮盖好兰，如让湿叶突见阳光，叶上即生如玳瑁状白点，这就是鹧鸪斑，可用竹针细心轻拨，将介壳虫连窠剔去。如果还没剔净，可用麻油拌黛粉，或将大蒜头研末加水，用新羊毫笔蘸着洗叶，或用鱼腥水及煮河蚌汤接连喷洒数次。或取菜油或芝麻油调温开水，待冷却后用青布巾蘸洗叶子，或改用头发团蘸凉油水洗叶。或者不用油，改用冷茶或清水一碗，再倒入油一小杯在火上煎，须冷却一夜，等待天将雨时，把这"茶油合剂"遍洒兰叶上，当雨水滴落时，顺着把合剂带遍根间，经根吸收后，叶上叶缝的介壳虫被干净脱落。或在夏天用中药皂角水、秋季用炉灰浸出水浇兰，可看作是给兰灌施肥料，也可看作是专门为兰杀虫。兰群中凡是发现有一盆生了虫，立即要将它搬走远隔，因这种害虫能爬到其他健康的兰株上，为防止它们繁衍，要犹如防肺痨病那样谨慎。养兰的环境必须通风佳，兰受闷郁就是生虫的根本原因，最好是常常作检查，一有发现，则立刻用竹签清除，如同盆景洗小竹那样。又如兰在花叶萌芽的时候，常有蜗牛和其他小虫咬食它们，须多加察看驱除。

喜聚族而畏离母

兰之分不得已也。极盛则分，极衰则分，皆不得已而分也。盛者根满，小盆浅土，急宜易[1]也；衰者根烂、湿沙[2]、虫穴，即宜除也。

人言兰比朋友，以交结蟠密[3]为乐，然极嫩脆，稍损折则腐。必用铁锥向外，轻击盆裂，用双手捧出，拨去湿土烂根，须轻便详慎[4]，渐渐疏析[5]，性燥手重者，不可任此事。或将盆入水，俟土化根出盆后，用水浸根，漾去宿土。此二法皆散气泄精[6]，拙法也。又有以刀切作几垛[7]，听其断者自腐土中。此法益为麤麤猛[8]矣！

分法或以三行为一盆，或以芦头五新五旧为一盆。盆底用碗碟[9]一只覆眼，后用头发或石灰铺碗四围，或用木板炭[10]遮"眼"，网以头发，总以通风泄水，土不内出，虫不外入为度。铺讫[11]，用粗沙[12]填平，即以烂草鞋一只置沙上，方以三篦[13]聚[14]之，须蟠插安妥[15]，互相枕籍[16]，使旧篦在内新篦在外，作三方向。却随其势[16]，四面围绕，虚其中，外为灌溉发生之地。然后糁[18]极细肥土，以实之土，齐盆口高一分许，中央渐高如覆盂状[19]。又有深种浅栽之说，初下根贵深，壅土后渐提起摇实，则土入根中，而无空虚积水之忧矣。提叶欲总，摇盆欲缓，不可太高，使根尽出；不可太低，使根不舒；不可旁高中陷，使根积水腐萎。兰名露根草，性不喜深，根齐盆口则泻水，面易发也。盆面以瘦沙[20]少许覆之，种毕以新汲塘水雨水灌之，以定其根。分后不可骤晒，宜置树荫或西檐下，夜间受露，日以水点洒之，只可一次。半月后方灌肥水，始可向阳。

旧说春秋二分后皆可分，今定以秋尽冬初为候，或云寒地宜于春分后分之似通用。盆不欲[21]贵重，根满难分，付诸一击也；不欲大，以便于移赏迁藏[22]也；不欲深，以兰不宜土厚也[23]。

注释

[1] 急宜易　立即需要改变。

[2] 湿沙　过湿的兰花植料。

[3] 交结蟠密　交结：相互结合成为朋友；蟠密：关系亲密无间。

[4] 轻便详慎　轻便：即做事轻快；详慎：小心而仔细。

[5] 疏析：疏　疏导；析：分开。

[6] 散气泄精　流失元气，损耗精力。

[7] 切作几垛　垛：块。意为用刀切割成数块。

[8] 麤猛　麤（cù）：即粗鲁；猛：猛烈。形容人动作过猛力气过大。

[9] 碗碟　小型的盘碗。

[10] 木板炭　用木板烧成的炭，形态仍保持着块状。

[11] 铺讫　铺：摆放；讫：结束。

[12] 粗沙　颗粒较大的植兰泥土。

[13] 篦（bì）　株。

[14] 聚　聚合一起，互不离分。

[15] 蟠插安妥　蟠插：盘置有条；安妥：摆放妥帖。

[16] 枕藉　喻兰根互相交错却多而不乱地在一起。

[16] 却随其势　随：顺着；势：生长的趋势。

[18] 糁（sǎn）　即二物掺合一起。

[19] 覆盂状　覆：倒置；盂：一种口大底小的盆钵。

[20] 瘦沙　肥性不足的泥土。

[21] 不欲　不需要。

[22] 移赏迁藏　移：挪动；赏：欣赏；迁：搬迁；藏：存放。

[23] 土厚　指兰盆不可过大过深，以致造成土层过厚。

兰花的翻盆或分株是不得已而所为。生长过于兴旺，就要翻盆分株；生长非常衰弱，也须翻盆换土，两者都是不得已才做。生长滋荣而根已满盆，或盆小土浅苗株拥挤，急需改变现状的；或是兰株生长衰弱，烂根、盆泥过湿、有虫作窠等，急需改变不利兰生长条件的，这些情况都需要翻盆分株。

有人喻兰与人如知友，称"同心之言，其臭如兰"般的亲密快乐。然而兰根质地极为脆嫩，稍有损伤，就会致根腐烂，所以翻盆分株时，必用槌子由盆内向外轻轻敲击致裂，用双手捧出泥球，拔去湿土烂根，经细心观察，考虑周详之后，才以熟练轻快的动作将它们分理好，那些性情急燥、大手大脚的人是不能胜任这个工作的。为保住盆子完整，也可以把整盆兰浸入水中，等待盆泥慢慢化开，露出兰根退出泥球，继续用水浸根并漾净老土。

但上述两种办法，都会消耗兰的精华，伤及兰的元气。都是笨拙的办法。又有人像切大饼那样用刀把整盆兰切成几大块，不经整理就上盆，任让那许多被切断的根在土中自腐。此分株方法更加显得粗野！

正确的分株方法是将兰株以老中青三株为一组块，以每盆三块九株上盆栽培；或者以一新一旧作组块搭配，每盆以五旧五新共十株上盆栽培。盆底用一只型小的碗或碟子倒覆在排水孔上，用头发等铺在周围，也可选板状木炭块覆盖排水孔，再铺上一层头发如网，总之以有利于通风排水、土不外出、虫不入内为目的要求。做完垫底工作后即以粗泥一层垫底，再将一或二只破草鞋盖在粗泥上。到此，栽种才真正开始。兰苗以老中青三株为一块（丛），集三块种在同一盆里，兰根要相互交错盘插，相互依靠避让。三块草应旧草在里，新草朝外，构成三个不同方向，随其生长趋势安插均匀。盆内四围要留有一定空间，以方便浇水。然后掺加上极细的肥土并摇动盆子，使泥土紧而实，直至高过盆口约一分许之后，渐将泥面堆高内收做成由四面向中央渐高的馒头形（即覆盂状）。

兰株上盆时又有深种与浅栽的许多说法。苗株刚入盆，以根放深为佳，加土后要渐渐向上提起（称提根），再用手轻轻拍动盆子，使土与根相互密切结合，盆土便无空虚和积水的不良后果。提根时手抓叶子要多，摇盆时手的动作要缓；还有兰根不可提得过高，以免兰根多被外露；也不可提得太低，以免兰根闷郁不舒；不可四周提得高，也不可中间提得低，以致造成盆边兰株高出，而盆中兰株陷落，造成积水烂根萎草的后果。兰虽称"露根草"，本性不喜深植，所以栽培时以根的基部齐盆口为妙，不但易于排水，且草也容易繁茂，最后以少量瘦土盖好盆面。上盆完毕后，用新打来的塘水或雨水作"定根水"浇透。刚上盆的兰，不可过久过烈地去晒太阳，应放在树荫下或晒不到太阳的西檐下，夜里端出庭中接受露水，白天用喷壶稍洒叶子，只能一次就足，待半月后才可浇水施肥，才可以见阳光。

依据老辈人的说法，兰翻盆、分株，在一年里以春分和秋分两个时节为妥，今人却改定为秋尽冬初之时，并以北方最好在春分后分栽的说法较被普遍采用。栽兰的盆子不需要价贵重的，当兰根长满盆，处于难分之时，翻盆必将采取付诸一击。种盆也不需太大，以免搬动、或欣赏或存放时带来麻烦。栽种之土层也不可过深，听前人说："兰不宜土厚"。

喜培植而畏骄纵

培植既多法矣，然不可太惜。枯叶急宜剪，腐根急宜断，二月花太早，十月蕊[1]太过，五月萼[2]太多，皆急宜摘除。凡此所以，善养兰也。

叶尽黄，则于腊尽正月初，用茅火焚之。留下体寸许，至三四月，盛发如初。种兰之道[3]，"三日不弹琴，则手生荆棘；三日不视兰，则盆受霜雪矣。"正与郭橐驼种树异法[4]，彼[5]乃[6]"治大国若烹小鲜"[7]，此乃[8]数学[9]如术蛾子[10]，君师之义[11]有不同也。

注释

[1] **蕊**（ruǐ）　花苞的别称。

[2] **萼**（è）　环列花朵外部的叶状薄片，在花芽期起保护作用。

[3] **种兰之道**　道：学说，主张。

[4] **橐驼种树异法**　郭橐驼：唐时陕西长安西（今西安）丰乐乡人，以种树为业。当时豪富造园林和种果树的人，都喜欢去他那儿引种。柳宗元撰文赞扬他种树的技术是"徙无不活，且硕茂，早实以蕃，他植者虽窥视效慕，莫能如也。"异法：掌握与众不同的特殊技术（方法）。

[5] **彼**　他。

[6] **乃**　就。

[7] **治大国若烹小鲜**　语出老子《道德经》六十章："治大国若烹小鲜，以

道莅天下，其鬼不神。非其鬼不神，其神不伤人。非其神不伤人，圣人也不伤人。夫两不相伤，故德交归焉。"有两解，一谓治理一个大国，关键是要有领导艺术才能，就像烹调小鱼一样顺手。二谓治理国家就像烹调小鱼一样，看似简单，其实很难，油盐酱醋都要放得恰到好处，不能过头，所以必须精心才是。

[8] **此乃**　这就是。

[9] **数学**　称记言记事的古书《礼记》中的《学记》为数学。汉代郑玄释："《学记》者，以其记人学教之义。"

[10] **如术蛾子**　如：好像；术：本领，技艺；蛾子（yǐ zí）：小蚂蚁。孔颖达注："蚍蜉之子，又云蚁子"。古书《礼记·学记》曰："记蛾子时术之"，然后足以化民易俗，近者说服，而远者怀之，此大学之道也。"蛾子时术之"，其此之谓乎。蛾子之术是以小小蚂蚁能不断衔泥积成垤（土堆）的故事，教化人民移风易俗的道理。

[11] **君师之义**　君：郑玄注：天子，诸侯及卿大夫有地者皆曰君；师：韩愈《师说》："师者所以传道、授业、解惑也。"义：定义。

　　要把兰培育得好，要求的确不少，然而对之不可过于惋惜。见叶有枯黄就随即剪去，发现有烂根就立刻除去，二月开花（建兰）为时太早，十月胎朵又感太迟，五月见苞数量太多，这种种情况，都应即刻处理。凡是能做到这些要求的人，就是一位善于养好兰花的行家里手。

　　秋冬时节，见兰已整盆叶黄，可在十二月底到正月初时，如茅草点火烧荒那样焚烧，只留下根脚芦头一寸左右。等到来年三四月间，根部新芽复出，滋荣如初。俗话说："如果三天不练琴，手上如生了荆棘一般，生疏得不听使唤；如果三天不看到兰花，心里好似有它们遭霜雪侵凌那样的牵挂隐痛。"这就是养兰的学说、道理。

　　正如唐人郭橐驼种树，能使树长寿，生长繁茂，结果早、多、大，是因为他在长期的实践中勤学苦练才琢磨出如"治大国若烹小鲜"那样一套别人所没有具备的特殊技巧。养兰如同记言记事的古书《礼记·学记》里，以"小蚂蚁堆土"的故事教化人民要移风易俗的道理一样，要从精细处着手，两者的方法如同君与师的定义有所不同而已。

兰史

明·篁溪子辑

　　野史^[1]氏曰：兰生幽谷，聚族而居，在处成都邑故国^[2]之国，则有史矣，作九品。兰为"王者香"，虽然一国不两王，故定一尊而奉之作本纪^[3]。次于王者，内则后妃，外则公侯，作世家^[4]。其他则诸大夫、士之属，有德有功可纪者也，作列传^[5]。非兰而拟^[6]于兰者，兰外国也，使之隶服^[7]于兰，作外纪^[8]。国必有君有臣，外国之君亦有外臣焉，作外传^[9]。

注释

[1] **野史** 私家编撰的史书。《兰史》即属于野史。江宁杨复明在所著《兰言四种》里评述："《兰史》悉仿《汉书》例说，详评兰琐言中。考《小腆纪年》，冯簠溪名京第，字跻冲，号簠溪，慈溪人。"

[2] **都邑故国** 都：大城市；邑：国都；故国：古老的国家。

[3] **本纪** 纪传体史书中帝王的传记称本纪。

[4] **世家** 《史记》中把记述王后的传记称世家。

[5] **列传** 记传体史书中一般人物的传记。

[6] **拟** 拟似。

[7] **隶服** 隶属、附属。

[8] **外纪** 为正史所不载的人物立传。

[9] **外传** 正史外另作传，记录传闻轶事。

今译

　　编撰野史的人说：兰生长在深山幽谷间，一代代绵延不绝，它们所生长之处，名副其实就是它们居住的城市和祖国，就是一个古老的兰花王国。既然是兰国，当然就有兰的历史。

　　《兰史》就如兰的《史记》，它把兰分成九品。兰是香之王者，凭一国不能有二王的规矩，所以尊奉兰为王，首先在《兰史》的"本纪"里作介绍。其次把地位次于王的兰，视作兰的内宫后妃和外宫公侯，安排在"世家"里作介绍。其余便如同是兰的各大夫和士等，把那些尚有兰的特色的安排在"列传"中作介绍。至于那些本不属兰而拟似兰的兰，是外国之兰，也将它们归属于兰，在"外纪"中作介绍。但它们既然是一个国家，必定也有君有臣，虽然是外兰之国，自然也有外兰国王和谋臣，因此把它们列为"外传"予以介绍。

兰九品

紫品一十七种

【一】上上品　陈梦良

【二】上中品　吴紫　金稜边

【三】上下品　潘紫

【四】中上品　赵师博

【五】中中品　何紫

【六】中下品　大张青　蒲统领　陈八斜　淳监粮

【七】下上品　小张青　许景初　石门红　萧仲和
何首座　林仲孔　庄观成

【八】下中品　不列

【九】下下品　不列

白品一十九种

【一】上上品　济老

【二】上中品　灶山　鱼鲚

【三】上下品　李通判　叶大施　惠知客　玉茎

【四】中上品　黄殿讲　马大同

【五】中中品　郑少举

【六】中下品　黄八兄　周染

【七】下上品　夕阳红　云娇朱　观堂主　名弟
弱脚　青蒲　王小娘

【八】下中品　不列

【九】下下品　不列

外品一十四种

【一】上上品　树兰　玉兰

【二】上中品　珍珠兰　木兰

【三】上下品　伊兰　朱兰

【四】中上品　兰草　泽兰

【五】中中品　蕙草

【六】中下品　含笑

【七】下上品　风兰　箬兰

【八】下中品　山兰　马兰

【九】下下品　不列

赞曰：九品无下下者。苟[1]为兰，则皆"王者香"也。不然则犹[2]为王者之香之类也？下品已过抑[3]之，故阙[4]之以处。夫同乎荬臭[5]者焉。

注释

[1] 苟　如果，假如。
[2] 犹　如同，好像。
[3] 过抑　待遇、地位过低。
[4] 故阙　故：缘故；阙：残缺。
[5] 荬臭　一种有臭味的水草。

今译

评论兰的人说：兰分为九品，但不可以有下下品，只要是真的兰，那就都是"王者香"。虽然身份不是顶级极品，但血统总归属于"王者香"的大家族里，对于这类被列为下品的那些兰，可说已经是亏待它们了，如果还要再加以挑剔，那不就是把兰当作是臭草的同类对待了吗？

兰本纪

建兰　建兰以福建得名，而楚粤[1]山谷皆生之。茎叶皆肥大苍翠然，种类甚多，开时亦异[2]。故有春兰、秋兰、夏兰、冬兰、四季兰之称。

江南兰只春芳[3]，楚闽[4]皆春秋再芳[5]。春芳者为春兰，色深；秋芳者为秋兰，色淡。但壅培得法，花常不绝。又有素兰[6]、石兰、竹兰、凤尾兰、玉梗兰[7]诸名。春兰花生叶下，素兰花生叶上，秋兰[8]一茎四五花，叶同春兰，开于秋月，取根煎汤服，为催生胜药，吉州[9]人用之。又有献岁兰，元旦开花；报春兰，立春三日开花，皆奇品也。紫茎青花为上，青茎青花次之，紫茎紫花又次之，余不入格。然细分花色，有深紫、浅紫、深红、浅红、黄、白、绿、碧、金稜诸种。今内品止[10]分紫、白二种，而紫尝为先，又不可以前说定也。沅澧[11]所产花，在春则黄，在秋则紫，而秋芳胜于春，总以叶短、茎长、花挺出者为佳。其产逾幽深，则茎逾紫，惟玉梗茎白如玉耳。花可点汤[12]，以盐梅干榨取汁，名曰"梅油"[13]，用浸鲜花。临点汤时，先以热水瀹[14]过，乃投茶盌[15]，花色如新。

注释

[1] 楚粤　今湖南、广东。

[2] 亦异　花形花色也有所不同。

[3] 只春芳　只在春天开花。文中不细分这些兰的品种，一律以不同花期分为春夏秋冬四大类。

[4] 楚闽　今湖南、福建。

[5] 春秋再芳　指春季开过花后秋季再开。即花期一年有两次。

[6] 素兰　指素心建兰。

[7] 石兰、竹兰、凤尾兰、玉梗兰　均为建兰的原变种，现建兰中仍保留有凤尾素和玉梗素这些品种。

[8] 秋兰　文中意谓秋天所开的建兰品种。

[9] 吉州　今江西省吉安市。隋朝以后称吉州。

[10] 止　只，仅。

[11] 沅澧　今湖南西北部沅州、澧州一带地方。

[12] 点汤　宋元时代习俗，客至泡茶，送客时再用沸水泡茶，称点汤。本文意为沸水泡兰花茶。

[13] 梅油　用鲜梅加盐做成盐梅，再将盐梅榨汁，此汁即称梅油，古人用盐梅酱作调味品，也可擦拭银器使之锃亮，还用梅油保存兰花。

[14] 瀹（yuè）　煮。

[15] 盌　碗的异体字。

建蘭

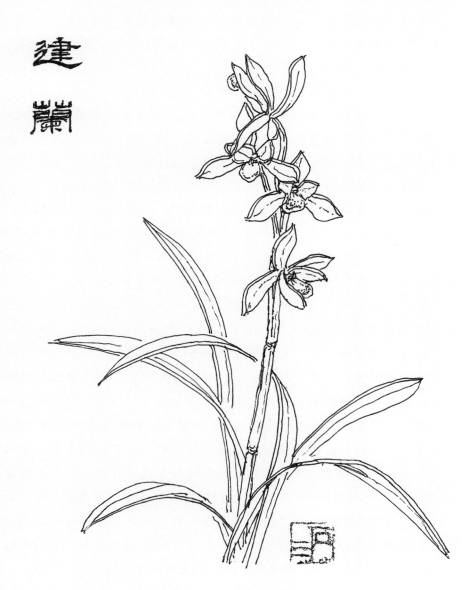

建兰 因福建山中盛产而得名，其实在广东、湖南、四川、江西、广西等山谷中都有生长。它们的茎叶肥大，叶色苍翠，种类较多，花形、花色、花期各有不同。因此便有了春兰、秋兰、夏兰、冬兰等，因花期不同而冠名为四季兰。

安徽、江苏、浙江等山里生长的兰，都是在春天放花，而福建、湖南、广东等山里所产的兰，不但春天放花，而且在秋天还能再次放花。只能在春天开花的称春兰，叶色特别深绿；秋天开花的称秋兰，叶色要淡绿一些。如果肥水等管理得当，开花常能接连不断。还有素心兰、石兰、竹兰、凤尾兰和玉梗兰等。春兰花梗较短，开的花超不过叶面，素心兰花梗高，开的花能超过叶面。秋兰一梗4～5花，叶与春兰相似，秋时放花，取用其根煎汤给难产的孕妇服用，可以平安降生，药效奇佳，此方被吉州（今吉安）人传统使用。又有在春节时开花的献岁兰，和在立春前三天左右开花的报春兰，它们都是建兰中的奇品。

以紫茎青花列为上品，青茎青花排位第二，紫茎紫花排位第三，其余品种均被列为不入格。然而若细分它们的花色，有深紫、浅紫、深红、浅红、黄、白、绿、碧、金棱（线条）等很多种。列作兰中后妃的"内品"，仅选紫花、白花两种入选，且两者间以紫为贵，曾把紫的排列为先，然而又不可以完全依据前人所说而下定论。生长在湖南西北部沅州、澧州江水边那种春天开黄花，秋天开紫花，而秋花之香要胜于春花，总之以叶短、梗长，花前挺（不下挂）的为好，且它们的生长之地若越幽深，花色则为越紫，唯有玉梗兰的花梗却仍是洁白如玉！它的花朵可以"点汤"，即取鲜梅子，经盐渍过，然后榨取其汁，味又咸又酸，称名"梅油"，用它来浸新鲜的兰花，其色香不变，时日可保存较久。泡汤前把花从梅油中取出，先在开水中一淖，再放到茶碗中冲上开水，不仅其味咸酸适口，兰香浓郁，且花色翠绿，宛若新鲜花一样。

山兰　江南诸春兰，皆名山兰，寇宗奭[1]所谓
"叶如麦门冬[2]，而润且韧，茎长一二尺，四时常青，
花黄绿色，中间瓣上有细紫点，一茎一花，花比常建
兰稍大，香最芳烈。"

又建兰一种名山兰者[3]，一茎七花，绿色，瓣尖
薄而狭，茎紫色，叶细短而润，惟冬月开之。建兰有
名冬兰者，即四季兰，何以名冬？若冬兰当以名此
种耳。

又有九节兰，山兰之别种也，浙粤山谷多有之，
一茎八九花，叶细长，花色不甚绿，黄山谷[4]误以为
蕙者，故一名蕙兰。种法悉芟去[5]浮根，用便溺瓦器
打碎、漂净，铺盆底。用山土沙土一层，铺鸡矢[6]其
上，又加沙土一层，铺头发其上，乃将炼土[7]与沙土
各半，拌匀种之，勿以手筑实，置盆大树下通风无日
处。平时只浇清水，惟梅雨天一浇粪，历年弥盛，可
胜建兰。

🌸注释🌸

[1] 寇宗奭（shì）　宋代药物学家。政和（1111—1117）年间任通直郎。
于本草学尤有研究，历十余年采拾众善，写就《本草衍义》一书，书中附
带有涉及兰蕙的介绍。

[2] **麦门冬** （*Ophiopogon japonicus*），正名为麦冬，别名沿阶草、书带草、麦门冬，可入药。百合科，沿阶草属。分布于东亚、南亚等地。

[3] **又建兰之一种名山兰者** 寒兰（*Cymbidium kanran*）品种有青寒兰、紫寒兰、青紫寒兰、红寒兰、素心寒兰等，瓣形尖薄而窄，花莛直立，花疏生，有5～10朵不等，一般花期为11月至翌年1月。在《兰本纪·山兰》里，记有"一茎七花，绿色，瓣尖薄而狭，茎紫色，叶细短而润，惟冬月开之。"根据其形态特征描述，当为寒兰。

[4] **黄山谷** 黄庭坚，字鲁直，号山谷道人、涪翁，北宋诗人、书法家，江西分宁（今修水）人，诗与苏轼齐名。山谷对兰蕙的定义十分正确，被后人长期采纳赞称为经典之言。

[5] **芟（shān）去** 除去。

[6] **鸡矢** 鸡粪。

[7] **炼土** 即《兰易·十二易·喜肥而畏土》这章里所介绍，经人工加工而成的兰花土。

山蘭（一）

春蘭

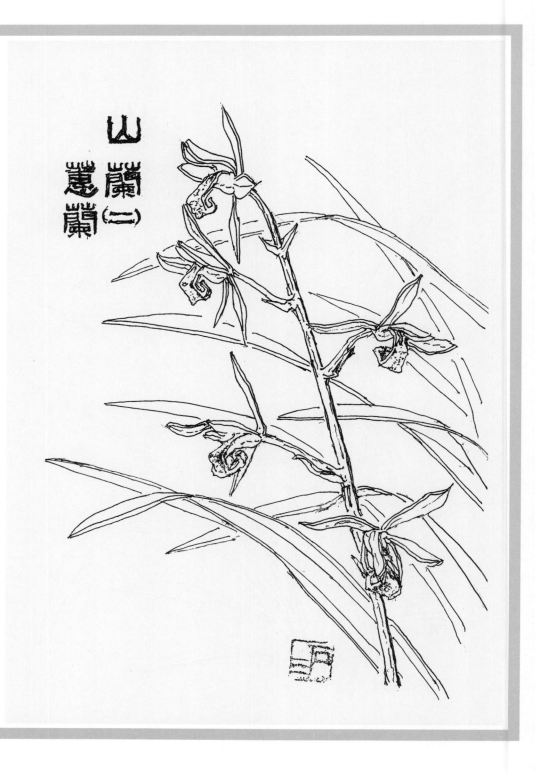

山蘭（二）蕙蘭

山蘭（三）
寒蘭

山兰　江南山间有诸多春兰，总名都称山兰，宋代药物学家寇宗奭在《本草》一书里所说的："叶形似麦冬，润泽而带革质，梗长一二尺，四季常青，花色黄绿，舌上有细红紫斑点。一梗一花，型比平常所见的建兰花要大些，气味最为浓香。"（注：此为正宗的江浙春兰曾称名瓯兰）。

　　有一种建兰也称名山兰，一梗有7朵花，三萼绿色形狭，端部尖而薄，叶形细短而具光泽感，是唯一在冬时开花的建兰。它的名字称冬兰，其实就是四季兰，怎么会称作冬兰的呢？就因为它能冬天放花而得名（注：根据原作"有一种建兰也称山兰"的品种特征所描述，应为今人所说的寒兰）。

　　又有九节兰，是另一种山兰。浙江、福建、湖北等山里多见，这种一梗八九朵花，叶细长，色绿中略偏黄的草，被北宋人黄庭坚当成了俗名为零陵香的蕙草，自此"蕙"便成了九节兰的大名（按：这是正宗的江浙蕙兰。）栽培方法是先清理兰株，除净空根、腐根；再把破尿壶打碎成小块，经水里漂洗干净，并一一铺盖在盆底及排水孔周围；接着上铺山间沙土一层后再铺陈年鸡粪一层；还要再接着铺上一层沙土，并在上面如网般地盖一层头发；然后用"炼土"与沙各一半相拌均匀，将其种上，种时手勿用力过大，把泥不致撒得过实。种好以后，把盆放在既通风又没有阳光直晒的大树下。平时只浇些清水即可，只需在梅雨天时才可浇一次粪肥，这样来年可使兰苗长得比建兰还要繁茂。

杭兰[1]　惟杭州有之，花如建兰，一干一花，叶比建兰差大[2]，有紫、白二种，皆黄蕊最香艳。性宜见天不见日，种用黄沙土或以水浮炭[3]，实盆之半种之，上覆青苔，则花益茂，浇用羊鹿矢水或浔鸡鹅诸水。频洒水，花益香。

注释

[1]　杭兰　大概念实为瓯兰，即江浙春兰。历来杭州工商业繁华历来是政治、经济、文化中心，多有官商巨贾喜玩本地春兰蕙兰，带动周围邻县如富阳、萧山、临安、昌化等地的开发，有许多个传统名种产地都被顺口地说成杭州下山。故造成了"杭兰惟杭州有之"的错误说法。

[2]　差大　即花形或叶形与别花相比，比者显小，别花显大。

[3]　水浮炭　一种用旧木料烧成的炭，质松而轻，能浮于水上的为佳。

杭蘭

杭兰　　只在杭州高山里才有，花形如建兰，但一梗只开一花，叶比建兰要细小得多。花色有紫、白两种，而花苞衣壳皆呈黄绿色，花开时香浓色艳（按：实与江南的春兰同科同属，自清以来，曾出有名种'绿云''西湖梅''老十圆''绿英''笑春''法华梅'等）。其性喜光，但不喜强光直晒，栽培用黄沙土，或以水浮炭半盆垫底，再加黄沙土半盆，盆面上还要盖青苔，这样苗株会生长得日益繁茂。肥料采用沤熟的羊鹿粪水或褪鸡鹅毛的水。还须经常的注意洒水，这样苗便会长得愈加健壮，花也会开得更加地香。

兰世家

陈梦良　紫，一茎十二华[1]，紫色，花朵最大，三瓣尖，窈碧[2]。叶长三尺许，深绿色，叶梗微方，背作剑脊[3]，至尾梢处减薄，斜分变缁色[4]。芳艳婉媚[5]，为众花冠[6]，希得其真种。种宜[7]黄沙，细洁无泥者。此种最难养，忌用肥，稍肥即腐烂，灌[8]宜清水。

吴花　紫，一茎十五华，盛者歧生[9]至二十华，色深紫，茎紫苞红，花朵差大[10]，叶最长，劲而绿。种宜赤沙泥，颇好肥[11]，宜一月溉一次。

金稜边　紫，花色如吴紫，瓣差，小干，叶并如之，叶尖两金线，绿边半叶之长。为紫花奇品。种出长泰陈家，未广也。

潘花　紫，一名仙霞紫，一茎十五华，紫色，近蕊处深紫，同于吴花，茎亦紫色，叶如吴花但差小[12]。潘氏于西山仙霞岭得之，故一名仙霞。种亦宜赤沙泥，不喜肥，宜时[13]灌以清茶。

济老　白，一名一线红，俗名丫兰。一茎十二华，叶似施兰差长[14]，得气则生歧，故名丫兰，洁艳[15]，为白色冠[16]。种宜沟渠黑沙泥和以粪壤，或用粪炼土种之，盆内草鞋屑四围铺种，性爱肥，随[17]所灌溉。

灶山　白，俗名绿衣郎。一茎十五华，碧色，茎尤深碧。花常并蒂[18]，叶绿而瘦薄。种宜河沙粪壤，或山涧下流聚沙泥，盆内用草鞋屑，同济老溉，宜半肥。

鱼鲅　白，一名赵花。花最莹澈，一如鱼鲅沉之水中，不复可见[19]。叶亦劲绿[20]。种宜山下流聚沙泥，性最洁，不可溉诸肥水。

玉茎　白，一名雪兰，亦名玉瓣、玉梗，花白如雪，故得雪兰之名。其茎如玉，又名玉茎兰。此种至贵[21]，不可易得[22]，为白兰奇品。

李通判　白，一茎十五华，白色雅淡为最[23]。种宜山下流聚沙同鱼鲅，溉宜半肥。

叶大施　白，华白色，叶作剑脊，甚长而不甚劲直。种溉同济老。

惠知客　白，一茎十五华，色白窈紫，瓣尖带黄，花体清瘦而簇簇圆整[24]，叶肥绿颇弱。种溉同济老，或用河沙淘去垢尘，下用粗沙并和以粪种之。

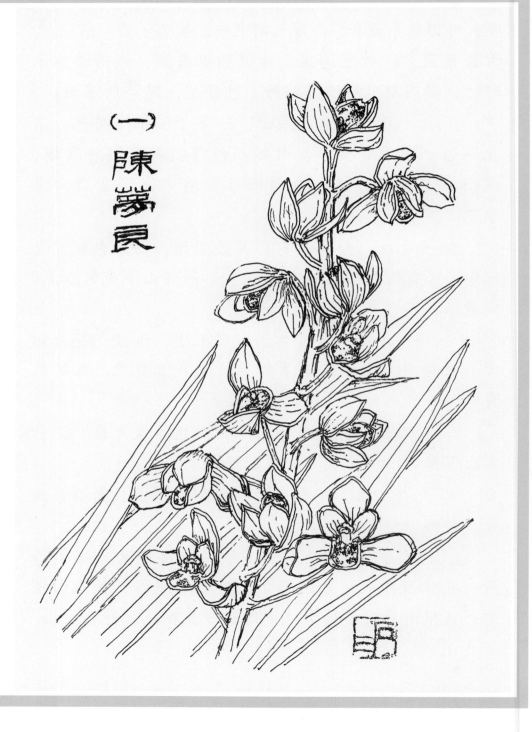

（一）陳夢良

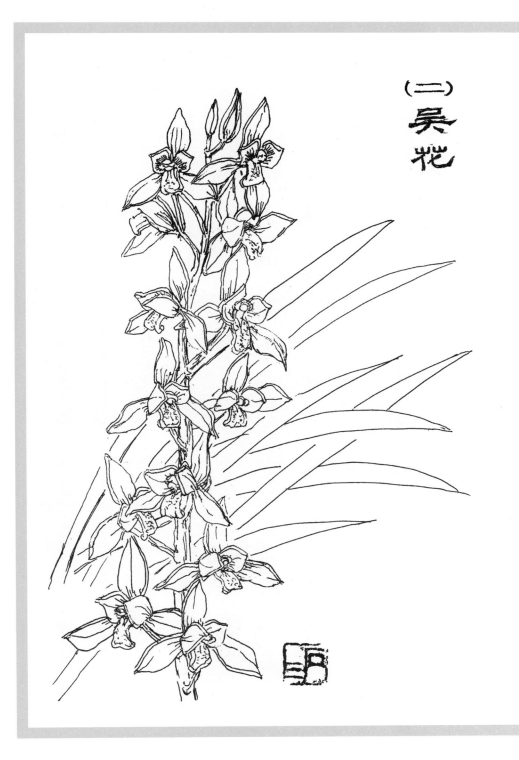

（二）吴花

（三）金稜边

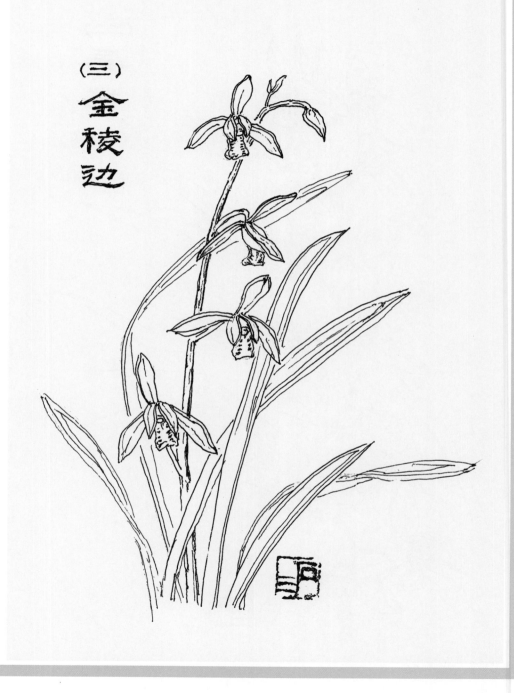

（四）潘牝

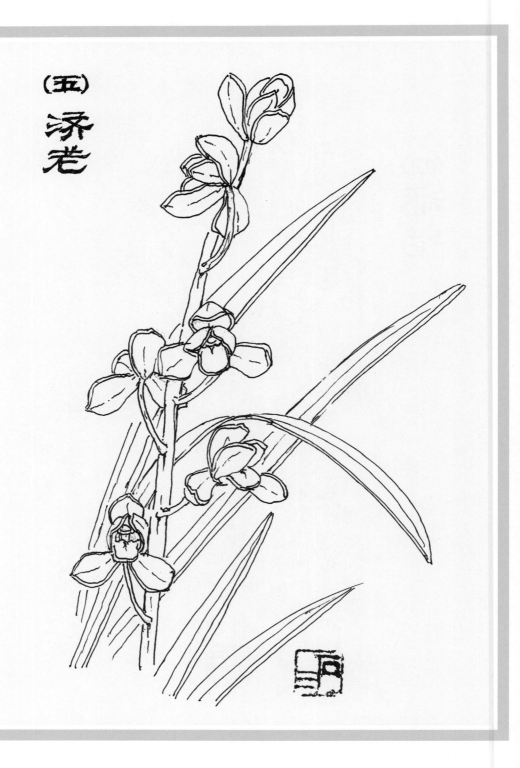

（五）

涤老

（六）灶山

（七）

臭魷

（八）

玉竺

（九）李通判

（十）叶大施

（士）惠知客

兰易　兰史

一一二

注释

[1] **华** 古汉语"花""华"相通，即作花。

[2] **窃碧** 偷偷地、暗暗地。意谓白色花的外三瓣尖端部，淡淡地泛出绿色。

[3] **剑脊** 比喻兰的叶背质地具有一定的厚硬度。

[4] **缁**（zī） 墨色，黑色。文中指兰叶尾梢处质地变薄，颜色变深绿，即墨绿色。

[5] **婉媚** 温顺妩媚，形容兰花美丽而可爱。

[6] **冠** 即在众花里为最好的，是位居第一的。

[7] **宜** 合适、恰当。

[8] **灌** 浇水、灌溉。

[9] **歧生** 歧：分岔，分叉；生：生长状态。

[10] **差大** 比喻之物与被比喻之物，其形相比显得要大。

[11] **颇好肥** 颇：很；好：喜欢，即植株很喜欢肥料。

[12] **差小** 比喻之物与被比之物，其形相比显得略小。

[13] **宜时** 及时，正是好时候。

[14] **差长** 即叶形比别的草要显得长。

[15] **洁艳** 洁白美丽。

[16] **白色冠** 冠：出众的，第一的。即某花在白色的兰花品种里为最佳的。

[17] **随** 随时。

[18] **花常并蒂** 即小梗（簪）中再分叉开出两朵花。

[19] **不复可见** 难再重现。

[20] **劲绿** 即植株生长健壮，绿色滋荣而富有神采。

[21] **至贵** 即某花审美价值之高，身价极其珍贵。

[22] **不可易得** 不可：不可能；易得：随便的，容易得到。意为该兰品种的宝贵程度之高，非常难以得到。

[23] **雅淡为最** 雅：气度高贵不俗；淡：色彩浅淡入目；宜：合适。

[24] **簇簇圆整** 簇：丛聚；圆整：丰满齐整。

兰列传

赵师博　紫，本名赵十四。一茎十五华，蓓蕾甚红，开时变紫，特艳。叶亦劲绿。种、溉[1]同金稜边，每半月一用肥。

何花　紫，一茎十四华，紫色、苞红，花朵倒垂，叶苍色[2]。种、溉同金稜边，每半月一用肥。

大张青　紫，蒲统领紫，种、溉半月一用肥，同赵、何。

淳监粮　紫，萧仲和紫，许景初紫，何首座紫，林仲孔紫，庄观成紫，皆下品，种溉随意。

黄殿讲　白，一名碧玉干西施，一茎十五华歧生，或二十余花，亦有二茎连理[3]生者。茎瘦而长，花白色，窃黄萼半开合。叶绿色、柔细、而劲厚，每叶下有一萎者[4]。

马大同　白，一名五晕丝，一茎十二华，碧色中多红晕花，差大，间有昂首者。茎劲直，半叶之长。叶高耸，肥厚。种同惠知客，溉同济老。

郑少举　白，一茎十四华，白色最莹洁[5]。叶瘦长而疏散，谓之蓬头少举。其种不一，以花叶多少、柔劲别之，白花易生者，惟蓬头一种。种溉同济老，或用粪炼土，上覆赤壤。

黄八兄　白，一茎十二华，白色，茎甚长，然最弱。叶绿而直，略似郑花。种、溉同济老。

周染　白，一茎十二华，白色，与郑花相似，茎则短弱。种、溉同济老。

夕阳红　白，一茎八华，白色瓣上凝红[6]，故有"夕阳"之号。种、溉随意，肥洁。

观堂主　白，一茎七华，花白色，聚如簇[7]，叶不甚高，。种、溉同夕阳红。

名弟　白，一茎五六华，白色似郑花。叶最柔长，然新叶长，即旧叶枯。种、溉同上。

弱脚　白，一茎一华，绿色瓣，上如鹰爪，长二三寸。叶瘦长二三尺。冬深始华[8]，香甚清远，茎短叶细。种、溉同上。

🌸注释

[1] 种、溉　栽培与灌溉。
[2] 苍色　青绿色。

[3] 二茎连理　一杆花梗上部，分生二叉，并开花两朵；也有两个花梗粘连一起成为一梗二花的。

[4] 每叶下有一萎者　指每株兰中必有一片叶是黄枯的。

[5] 莹洁　通体洁白，明净如玉。

[6] 凝红　凝：凝聚。即白色花上罩染上一层红色。

[7] 聚如簇　即花丛聚成一团团的样子。

[8] 冬深始华　深：指时日很久。意为要到深冬年底时才放花释香。

（一）赵师博

（二）何花

（三）大張書

（四）淳监粮

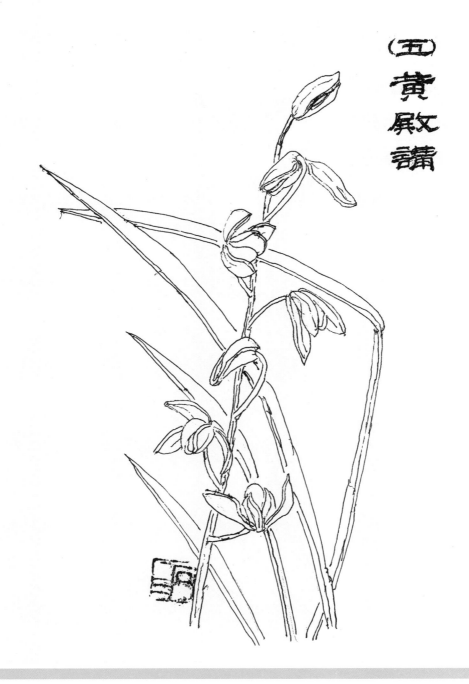

（五）黄殷讲

（六）馬大同

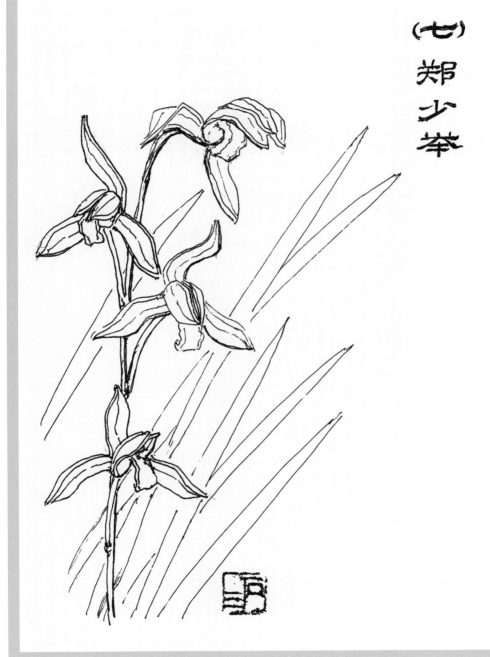

（七）郑少苯

（八）黄八兄

（九）周染

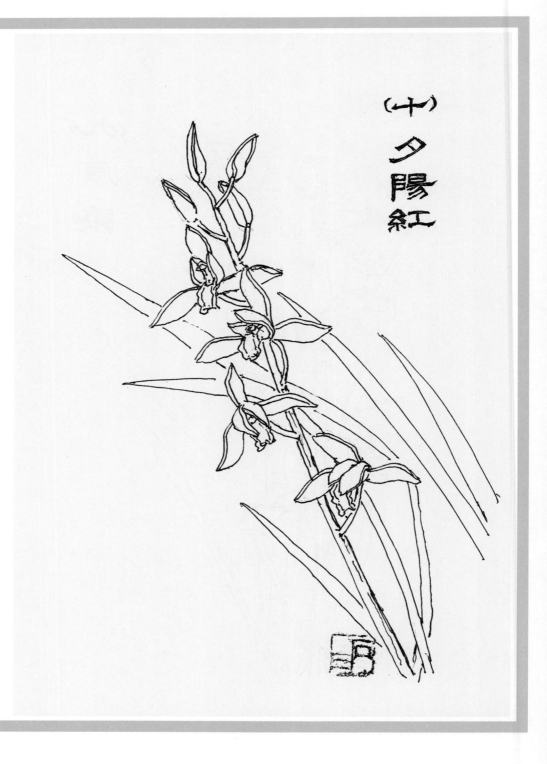

（十）夕陽紅

（士）觀堂主

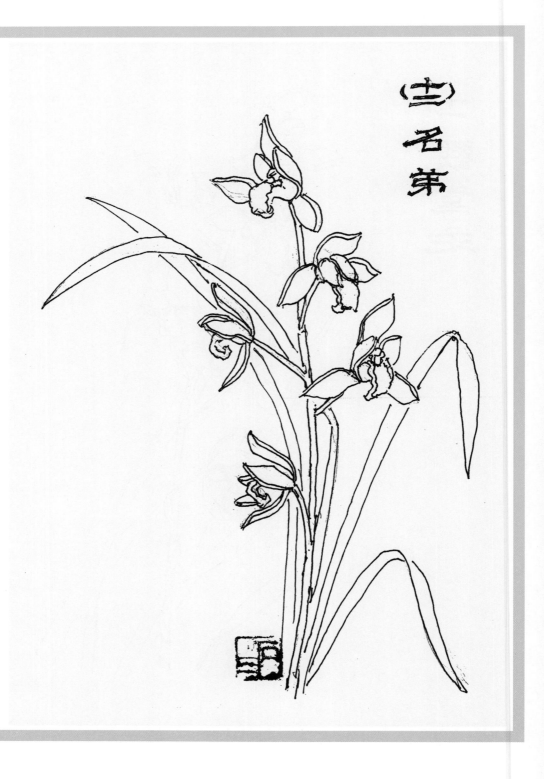

兰易 兰史

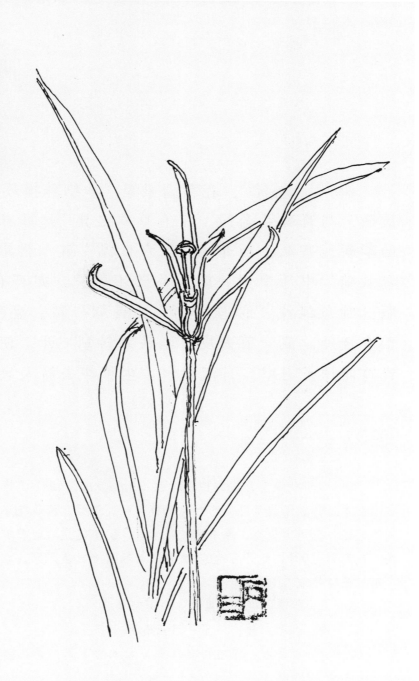

兰外记

树兰　色紫[1]，花蓓蕾累累[2]如细珠攒簇[3]，其瓣最微，与真珠兰全同，但有草木之异[4]。每岁夏秋交，始华萌蕊甚久，而开止[5]五六日辄[6]谢，然异香可爱，置衣笥[7]中历岁[8]如新，芬芳不歇[9]。亦可合诸香制服，叶色绿沈[10]似桂橘[11]，性畏烟与霜，喜暖。分栽于有枝处，截一节去皮，以铁刀斜剟[12]开，使得生根。置竹筒埋干土中，日灌以水，生根即去筒入盆。

注释

[1] 树兰　即小叶米兰，或称四季米兰（*Aglaia odorata*），棟科米籽兰属常绿灌木。奇数羽状复叶，小叶3~5枚，叶面亮绿，圆锥花序，腋生。花小而繁密，色黄而极香，原书谓"花紫色"，可能是古时曾有过，或为笔误。花期6~10月，花开可达5次之多。喜暖喜光，畏严寒，在南亚和我国广东、福建等地广为栽培。

[2] 蓓蕾累累　蓓蕾：花苞；累累：多而密集。

[3] 攒簇　攒：积贮；簇：一团一团紧挨状。

[4] 有草木之异　草木：即植物有草本与木本的不同；异：区别。意为树

（米籽）兰是木本植物，真（珍）珠兰是草本植物。

[5] **止**　仅仅。

[6] **辄**（zhé）　立即，就。

[7] **衣笥**（sì）　藤或竹编制的衣箱。

[8] **历岁**　历：到、经过；岁：年。意谓过了好几年。

[9] **芬芳不歇**　犹香气长久不消。

[10] **绿沈**　即绿沉，颜色深绿。

[11] **桂橘**　指桂树叶和桔树叶，它们都具有叶色深绿厚实、革质油光的特点。

[12] **斜劙**（lí）　谓高枝压条法，选半木质化新枝，用刀斜着割开树皮，外套竹管，内填泥土，保持湿润，待创口生根后取下另栽。

（一）树兰

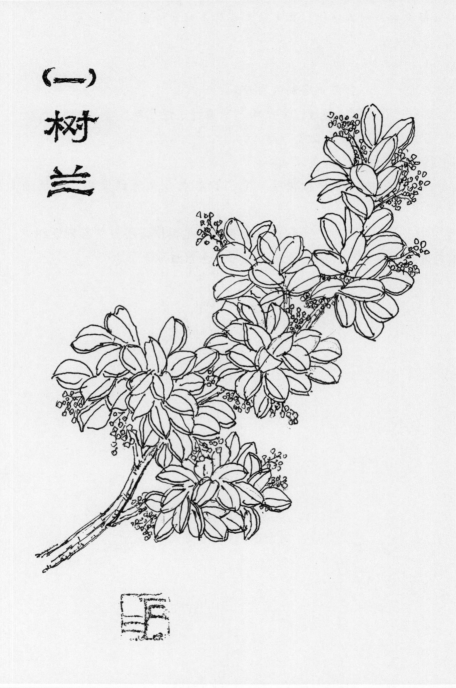

今译

　　树兰　正名称米兰或四季米兰，原书谓"紫色花"但实为黄色花，花苞如细珠，多而簇聚。叶微小，原书述"与珍珠兰叶相似"，但实不相同。有木本和草本之别（树兰为木本）。每年夏秋之交始花，开到5~6天后即谢，新花接连又起，可达5次左右，芳香异常。把花放在衣箱里，舒人的浓香可绵绵数年不褪，衣物几乎如新，也可与别的香花合制成香料。叶色革质深绿油亮如桂花与柑橘之叶。性喜阳，怕烟、怕冷，喜温暖湿润。繁殖可用铁刀在半木质化枝杈交接处割破皮，套上竹筒并装满泥土，时常浇些水，待生根后去筒，剪下新株，单独栽培。

玉兰^[1]九瓣^[2]，色白窈碧^[3]，丛生，一干一花皆着本末^[4]，并无柔条^[5]。香味似兰，故名冬结蕾，暮春^[6]开花。浇以粪水则花大而香，花落，从蒂中抽叶^[7]，特异他草木。亦有黄花者，最忌水浸。寄枝^[8]用木笔^[9]，秋后接之。花瓣拣净^[10]，拖面^[11]麻油煎，食味美。

注释

[1] **玉兰** 即白玉兰（*Magnolia denudata*），木兰科木兰属，别名木兰。我国有2500年栽培史，春秋时代，南朝·梁任昉在他的《拾遗记》中记有"木兰洲在浔阳江中，多木兰树。"花色白微碧，香味似兰，故称玉兰，花时如千万只白鸽临风摇弋，春风暗送，兰香浮动。落叶小乔木，倒卵形或椭圆形叶，正面绿，背面苍淡，花先于叶。

[2] **九瓣** 指每朵花花瓣的数量。

[3] **色白窈碧** 白色花瓣上隐隐泛有绿色。

[4] **皆着本末** 即玉兰花都是直接贴生在枝顶上。

[5] **无柔条** 没有花柄。

[6] **暮春** 晚春。指春季即将结束的那些日子。

[7] **蒂中抽叶** 花谢后新叶从花蒂处直接生发。

[8] **寄枝** 嫁接所采用的砧木。

[9] **木笔** 即紫玉兰（*Magnolia liliflora*）。

[10] **花瓣拣净** 拣：收集；净：洗干净。

[11] **拖面** 把花瓣在面糊里一浸后再在油锅里一炸。

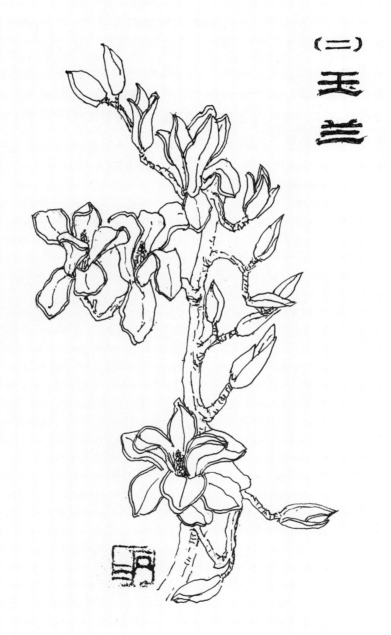

（二）玉兰

　　玉兰每花为九瓣，白色花瓣上隐隐泛着绿光，也有牙黄色花品种，小乔木丛生，一干一花直接着生在枝条前端，没有花柄。因香味像兰而得名玉兰。冬天孕蕾，暮春开花，花前如能浇些粪水，花就会开得又大又香。花落之后，新叶很快会从花蒂中抽出，这就是玉兰不同于其他花木的生长特征。花枝须忌水浸。嫁接可采用紫玉兰（木笔）做砧木，在晚秋时采当年新枝用枝接法进行嫁接。可拣取白玉兰花瓣，经洗净，粘上面糊，放在麻油中略煎黄即可食，味道香酥。

真珠兰[1]一名赛兰，俗名鱼子兰，今或称金粟兰。花紫色，蓓蕾如粟，瓣作桃形，嫩茎丛生如珊瑚枝。花着枝间，累累如穗，折之簪佩[2]，香气甚烈。北粤中[3]牙香、捧香、名兰香者，皆此花蒸[4]为之也。叶能断人肠[5]。叶似茉莉，蔓生，喜暖，畏寒，与树兰形性皆同，但有草木之异[6]。四月内，节边断二寸[7]，种之即活。喜肥，忌粪浇，以鱼腥水，十月中收无风处[8]，以盆覆土封之，水浇勿令干。

[1] **真珠兰** （*Chloranthus picatus*）即珍珠兰，金粟兰科金粟兰属，原产亚热带地区，我国福建、广东、广西等地广为栽培。茎直立，稍呈披散状，茎节明显，节上具分枝，花浅黄色如珠（注：原文说花色为紫，许是开败之花，或是古代曾经有过。）叶面光滑稍呈泡皱状，穗状花序，顶生，花色淡黄，花期5~6月，有浓郁幽香，可窨茶，提取香料。可入药，茎叶有止血止痛、防治风湿病的功能，根虽有毒，但捣碎后可治疗疮，疗效甚佳。

[2] **折之簪佩** 古人用这种香花插于发髻，或佩挂胸前作饰品。

[3] **北粤中** 即广东北部一带地方。

[4] **蒸** 通过干馏法提取而成。

[5] **叶能断人肠** 即真珠兰的叶子有毒性，不可食。

[6] **有草木之异** 意为植物有草本木本之别，珍珠兰是草本，树兰是木本。（注：真珠兰实为半木质化蔓生植物）。

[7] **节边断二寸** 在新老枝交叉处（即带踵），剪断，留二寸左右长，用来扦插繁殖。

[9] **收无风处** 真珠兰怕寒冻，所以育冬要选吹不到冷风的环境。

（三）真珠兰

真（一作珍）珠兰又名赛兰。俗称鱼子兰，今人又称金粟兰。花"紫"色（注：实应为淡黄色），如一粒粒粟米。茎节明显，丛生披散如珊瑚状，穗状花序，成串着生枝上。气味芳烈宜人，妇人常采上一些插于发髻或佩挂胸前。广东一带地方的人所称的牙香味、捧香味等但凡以兰香称名的，都是以这种真珠兰之花经加工提取而成。

　　真珠兰的叶形如同茉莉，枝条蔓生。根茎叶皆有毒。喜温暖而畏寒，与树兰的形与性相同，两者只是草本木本的不同而已。繁殖时在阴历四月间，可剪取长二寸许带踵枝条扦插，极易成活。真珠兰喜肥，可浇鱼腥水，忌浇大粪。

　　阴历十月间气温渐寒，须选无寒风吹到的地方越冬。可加土覆盖高盆面防冻。不需要时常浇水，以防止盆土结冰，反以保持盆土偏干为好。

木兰[1]一名木莲，一名广心，一名黄心，一名林兰，一名杜兰。树似楠[2]高五六丈，枝叶扶疏，叶似菌桂[3]，厚大无脊，有三道纵纹，皮似板桂[4]有纵横纹。花似辛夷[5]，内白外紫，四月初开，二十日即谢，不结实。亦有四季开者，又有红、黄、白数色。其木肌理细腻，梓人[6]所重。十一二月采，皮阴干，出蜀、韶、春州[7]者各异。木兰洲在浔阳江[8]，其中多此木。

🌸注释

[1] 木兰 （*Magnolia liliflora*）木兰科木兰属，即紫玉兰、木笔。早在秦代（公元前212年）宗敏求在《长安志》述："阿房宫以木兰为樑，以磁石为门。"1688年陈淏子在《花镜》载："玉兰古名木兰，出于马迹山，此地又称马蹄山，在饶州鄱阳县（江西鄱阳县），今南浙亦有。"常绿乔木，高大直立，树皮开裂。花型大，顶生或数朵成序，瓣外紫内白，偶数羽状复叶，聚合菁葖果，全身各部分均有香气。雌雄异株。紫玉兰与玉兰等都属同科变种。

[2] 楠 亚热带、热带阔叶乔木。

[3] 菌桂 木名，岩桂的一种，又名肉桂。晋嵇含《南方草木状》："桂有三种……叶似柿叶者为菌桂。"

[4] 板桂 即桂皮树，树皮可入药，可作食品加工的香料。

[5] 辛夷 即紫玉兰。

[6] 梓人 古时称专门做家具的木工为梓人。

[7] 蜀、韶、春州 为唐武德元年（618）改郡为州。蜀州：今成都一带；韶州：今广州市一带；春州：今广东春阳市一带。

[8] 浔阳江 古江名，在九江市西北。指长江流经浔阳县境的一段。

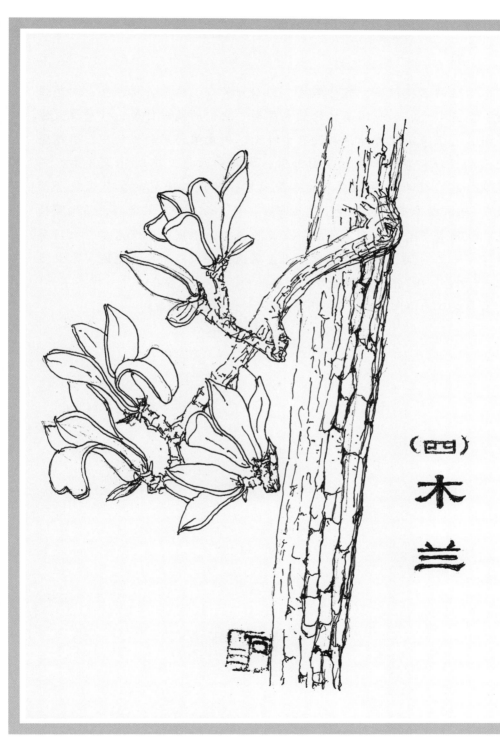

（四）木兰

木兰的名称很多，有称木莲、广心、黄心、林兰、杜兰等，树势强健，高五六丈，如我国南方的楠木那样。它们的枝叶伸展，叶质厚大像菌桂，有三条纵状叶脉，却没有中叶脉。树皮像药用的板桂皮，有横竖交叉的纹理。花形似玉兰里白外紫，四月初开花，花期20天左右，不结实（按：因雌雄异株，有的不能结实，为浅棕壳色的聚合果或蓇葖果）。也有四季开花的品种，花色有红、黄、白几种。木兰的木质细腻结实，机理秀美自然，可制作高档家具。自古为木匠师傅所看重，农历每年十一十二月间，他们要亲自上山去采选，去皮阴干后再运走。木兰多出产于四川、广东、江西一带，但各地所产的木质存在差异，优劣不一。自古要数江西浔阳江木兰洲一带所产的木兰树数量为多。

伊兰[1]一名赛兰，蔓生[2]如茉莉花，小如金粟，香特馥烈，生蜀中。

[1] **伊兰**　根据原作在本书《兰外纪》第三节里所介绍的"真珠兰"，与第五节里所介绍的"伊兰"，从形象特征分析，应为同种植物。仅是产地不同，称珠兰为伊兰，也仅是蜀人的俗称。
[2] **蔓生**　枝茎有缠绕或攀援的特性，本文是描述植株有扩展性的形态特征。

（五）伊兰

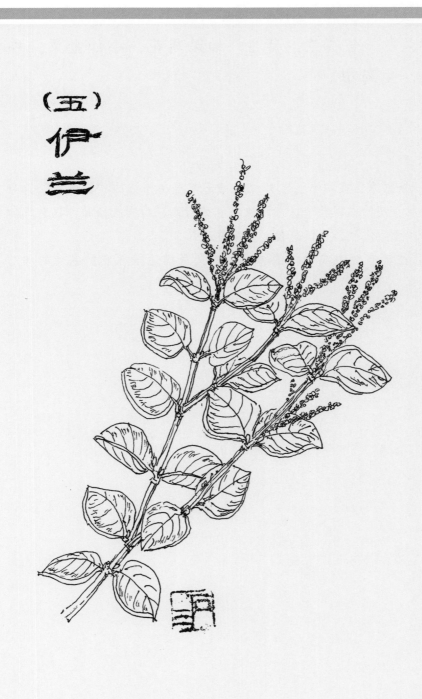

今译

　　伊兰又称赛兰香、珍珠兰，枝叶扩展性生长，如茉莉株形。花黄色如小米，特别芳香。产我国四川省境内，现今我国南方诸地都有栽培。

朱兰[1]形似兰，色深赤，瓣亦大，每瓣有二三黝斑[2]。五月中开，色艳而淡。叶阔而柔。

注释

[1] 朱兰　根据清人陈淏子所撰花卉专著《花镜》里考证，白及（*Pogonia japonica*）即为朱兰。白及：兰科白及属，植株高25厘米，根状茎直生，叶长圆形或长圆状披针形，长9厘米、宽17厘米，先端收尖，梗紫色，通常是一梗一花，也有一梗数花的，花色有紫、白、蓝、黄、粉等色，广布于长江流域，可入药。

[2] 黝斑　花瓣上有较深色（褐）块斑。

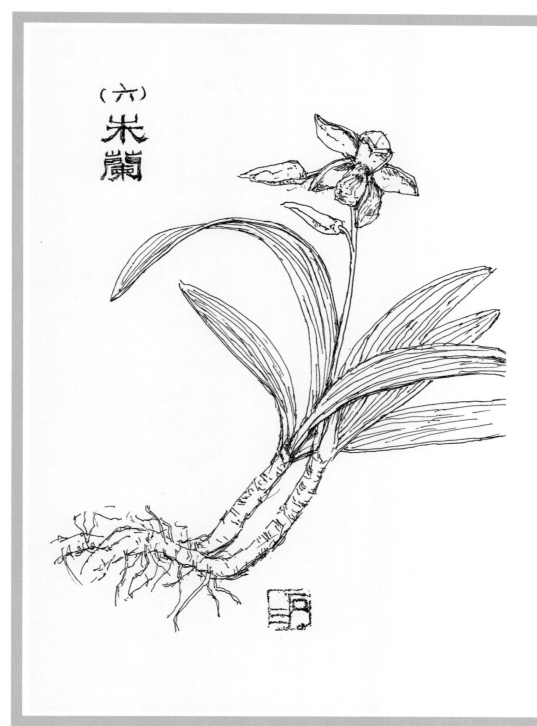

（六）

朱蘭

朱兰又名白及，花形似兰，有白、粉、深红等色，外三瓣及二捧，形大，瓣上有两三个深色斑。五月中旬开花，色艳丽。叶披针形，宽而长有直生棱，表面柔软光滑。

兰草 本名萠[1]，诗云"秉萠"[2]是也，此与泽兰正《楚辞》所云兰也。叶似马兰[3]，故名兰草，生下湿地，故名水香、大泽兰、兰泽草。煎泽草煮水浴风[4]，故名香水兰。其叶有歧[5]，俗呼燕尾香。妇人和油泽头[6]，或夏月采置发中，令发不月直[7]，故名省头草，又名女兰。生都梁山[8]，又名都梁香。又俗因其花形，名孩儿菊。入药，名千金草。生水旁下湿处。二月，宿根[9]生苗成丛，紫茎素枝，赤节绿叶。叶对节生，有细齿，与泽兰一类二种。嫩时并可采而佩之。八九月后渐老，植株高者三四尺，开花成穗如鸡苏[10]。花红白色，中有细子。但兰草茎圆节长，而叶色光润有歧，根小紫。五六月盛，以此别异[11]也。

注释

[1] 萠（xiān） 即泽兰，又名水香、都梁香、虎兰、虎蒲、孩儿菊、风药、地笋等，因此草生于水边，故名泽兰，也叫都梁香。泽兰与兰草是同一类植物的两个品种，两个名称。认为是古时所称的所谓"兰"。

[2] 秉萠（bǐng xiān） 秉，执也；萠，兰也。《诗经·郑风·溱洧》："溱与洧，方涣涣兮；士与女，方秉蕑兮。"《文选》说：郑国之俗，三月上巳于溱洧二水之上，（男女）执兰招魂，被除不详也。

[3] 马兰 别名鸡儿肠、马兰头。菊科多年生草本，叶互生，秋季开花淡紫色，头状花序，中央管状花黄色。本书《兰外传》中有介绍。

[4] 煮水浴风 用马兰干草或鲜草煮出的水洗澡，可祛除风湿。

[5] **叶有歧** 叶端开叉似燕尾状。

[6] **和油泽头** 古时妇女美发用蕳草的叶榨出黏稠的汁液，再和以植物油调匀，用来刷头发，使之平滑光亮带香。

[7] **月直**（zhí） 黏结一起，使不散乱。

[8] **都梁山** 盛弘《荆州记》载：都梁有山，山下有水清浅，水中生长着兰草，所以称都梁香。李时珍说：都梁山即如今的武冈州，另外在（江苏省）临淮的盱眙县也有都梁山。

[9] **宿根** 为多年生草本植物，它们的根，冬时茎叶枯萎，到来年春天，重又发芽不断生发，如薄荷等植物一样。

[10] **鸡苏** 即紫苏。唇形科，一年生草本植物，茎方形，绿中带紫色，叶卵形，夏季开红或淡红色花。全草可入药，能祛痰止咳、降气平喘。

[11] **别异** 区别两者间不同的特征。

（七）
兰草

兰草原名称"蕳",被诗人描述为秉(手执着)的"蕳"就是它。这种兰草和泽兰,正是在《楚辞》中所说的"兰",因它的叶形状像马兰,因而蕳就被人称为"兰"了。兰草生长在河边或湿地上,因此又叫"水香""兰泽草"。兰草的叶因前端分叉如燕子的尾巴,所以民间又叫"燕尾香"。女人把兰草和油调在一起用来搽抹头发,使头发光洁黏合不散乱,或在夏天时采几枝插在发髻上,所以又称"省头草"和"女兰"。

兰草因生长在都梁山,根据产地起名,叫"都梁香"。也有以花形起名,称为"孩儿菊",在中药店里又被称作"千斤草"。

兰草生长在水边湿地,每年二月时宿根生发出新苗,此后不断生长成丛。紫色茎,绿色枝,赤红节,绿叶对节而生,边缘有细锯齿。兰草又称大泽兰,与泽兰(又称小泽兰)是同科同属二种。株叶嫩时可以采而纫佩在胸前腰间,也可插在头髻上,到了八九月后植株已渐成熟,株高可达三四尺(1~1.30米)。兰草的花为穗状花序,同紫苏花相似,颜色红白相间,有细小的种子。兰草的特征是茎圆节长,叶色光滑,叶端分叉如燕尾,肉质根较细,色紫,五六月是盛花期,这些特征都是和泽兰不相同的地方。

泽兰　泽兰[1]又名虎兰、虎蒲、龙枣，根[2]名地笋。与兰草通[3]名水香、都梁香、孩儿菊，俗名风药。今人称大泽兰即兰草，小泽兰即泽兰也。或云家莳者为兰草，野生者为泽兰，亦通。然二种自是不同，入药气味并异。根紫黑色如粟根[4]，二月生苗，高二三尺，茎干青紫色作四棱，叶生相对，如薄荷微香。七月开花，带紫白色，萼通紫色[5]，亦似薄荷花。三月采苗阴干。与兰草异者，生水泽中及下湿地，叶尖微有毛不光润，方茎紫节。七月八月初采，微辛[6]，干之亦辛。《礼》："佩悦兰茝[7]。"《楚辞》："纫秋兰以为佩"。杂粉[8]，藏衣书中，辟蠹[9]。此与兰草皆古所谓"真兰"也，可佩，可藏，可浴，可食，功用甚多。而品在中上者[10]，其性姿族类[11]，只是人臣之极贵者耳。以拟至尊[12]，便觉有田舍翁[13]故态[14]。

注释

[1] 泽兰（*Eupatorium japonicum*）　菊科，又名小泽兰，多年生草本植物，叶对生，有柄，卵形或披针形，边缘有锯齿。茎秆色青紫，四棱。秋季开花，白色头状花序，茎叶含芳香油，可作香皂等的香料。

[2] 龙枣根　肉质根长出的球状块根，形如酸枣。

[3] 通　皆、相同。意谓如有某某二物，虽各地称谓不一，但所指两者却有亲缘关系，则称相通。

[4] 粟根　粟：又称小米，谷子，禾本科一年生植物，其根为须状。

[5] 萼通紫色　萼：环列花苞外部的叶状薄片，托着花瓣，在花芽期对花起保护作用；通：全部。花萼一般为绿色，然泽兰之花的萼片却全为紫色。

[6] 微辛　微：少许；辛：气味，具有如葱姜或艾蒿等植物的特殊气味，中医称"辛"。

[7] 《礼》佩悦兰茝　礼：《礼记》；佩：佩挂衣带上作饰品；悦：赞许；兰茝：（chái）：香草泽兰。意谓《礼记》上赞说把这种香草作为饰物（香包），欢欢喜喜地佩挂在衣带上。

[8] 杂粉　杂：聚集；粉：细末。意谓把泽兰研成粉末，包成数包放在衣箱或书柜里。

[9] 辟蠹　辟（bī）：清除、排除；蠹（dù）：蠹鱼，一种蛀食衣物和书籍的小昆虫。

[10] 品在中上者　品：品格、品致；在：安排；中上：中上的档次之位。

[11] 性姿族类　性：天性、品性；姿：容貌资质；族类：同类。

[12] 以拟至尊　以拟：可以比拟为；至尊：尊贵（帝王）的地位。

[13] 田舍翁　拥有土地房屋等，生活富足的老人。

[14] 故态　故旧德高望重老臣的形态。

（八）

泽兰

泽兰泽兰又名虎兰或虎蒲，长出的根块如粒粒酸枣，有人称它为龙枣。其根嫩时如笋可食，称名地笋。泽兰与兰草（蕑）有相互通称的名字，如水香、都梁香、孩儿菊，民间俗称风药。今人称兰草（蕑）为"大泽兰"，称泽兰为小泽兰。或是把人工栽培的称兰草，野生的则称泽兰。两者实为同类植物，不论形状、特性，可说都是共通。但兰草与泽兰，毕竟是二物二种，自然是有所不同，加工成药后气味就有区别（注：兰草芳香，泽兰淡香）。

泽兰根色紫黑如粟之根，每年春二月，地下根茎开始生发新苗，成草高2～3尺（0.6～1米），茎秆颜色青紫，呈四棱方形。叶对生节枝间如薄荷草，有微香。七月开花，色紫带白，花萼全为紫色，也似薄荷草。每年三月采苗阴干。泽兰跟兰草不同之处是泽兰生长在湖泽或低下的湿地里，叶尖上微有毛，不光洁，茎秆方，节色紫，七八月初采收。不论鲜草或干草都带有辛味。

可以把兰茝这类香草作为礼物相赠，就像《楚辞》所说"缝缀秋兰佩挂在衣带上"那样。也可把泽兰研成粉末，缝制成香包，放在书箱或衣柜里，能驱赶咬食书籍和衣物的蠹虫。泽兰和兰草（蕑）就是古时被说成是所谓的"真兰"。它们可用来佩挂，可用来藏放，可用来洗澡，可用作食物和药，用处可真不少！而品格被排在中上档次，其实从它们的品性、资质等几个方面去看，只不过是当老百姓时显得平凡，而做上官就显得极其尊贵那样罢了！所以考虑把泽兰比拟如归田的故旧老臣，家境富裕，既显得如百姓那么平凡，却又德高望重。

蕙草　蕙草《楚辞》所云蕙[1]也。一名薰草，一名黄零草。又名零陵香，古以生零陵[2]者佳。一名燕草，亦通称香草。生下湿地，叶如麻[3]，两两相对。茎方，常以七月中旬开花至香。三月，采苗阴干，脱节[4]者入药最良。《山海经》[5]云："浮山[6]有草，麻叶而方茎，赤华而黑实，气如蘼芜[7]，名曰薰草[8]，可以已厉[9]是也。"陈藏器[10]云："薰，乃蕙草根。"今人呼为广零陵香者，乃真蕙草，出广、融、宣等州[11]至多，吴人[12]亦盛莳之。以酒洒制，芳香益烈。

🌿注释

[1] 蕙草　作者认为"蕙草"就是《楚辞·离骚》里多处说到的"蕙"。但《离骚》所说"余既滋兰九畹兮，又树蕙之百亩。""兰芷变而不芳兮，荃蕙化而为茅。"等等的这些兰蕙，都是比拟人才，屈翁为国家培养了许多学生，为国谋事，但也会有一些变质的人。从而说明培养优秀接班人有多难。此说实为文艺作品的借喻手法。

[2] 零陵　古地名《史记·五帝本纪》："舜南巡狩，崩于苍梧之野，葬于江南九嶷，是为零陵。"范围大致在今湖南宁远东南，广西全州西南，潇水、湘水流域。

[3] 麻　即青麻，络麻。纤维可织夏布。

[4] 脱节　即蕙草采得后，在阴干的过程中，它们会在带节处自动断开。

[5] 《山海经》　书名。作者不详，共十八篇，有十四篇为战国时作品，四篇为西汉初年作品，内容主要为民间传说，历史，神话等。

[6] 浮山 经考证，我国有两处浮山，一处是在安徽省枞阳县境内；一处是在山西省南部，太岳山西麓，临汾盆地以东缘，唐曾置浮山县。据所述文意，应是安徽的。

[7] 蘼芜（mí wú） 草名，亦名蕲茝（qī chǎi），其茎叶蘼弱而繁芜，故以名之。又其香似白芷、其叶似当归，故称蕲茝，古书上又称芎䓖（xiōng qióng），即今称之艾。

[8] 薰草 又名蕙草，蕙香，是真正的香草。古人曾将它放入熏香炉熏香，故又称薰香草。多生低洼湿地，叶如麻，披针形，边缘有不规整钝锯齿，两两相对，茎方，有节，中空，七月中旬开黄花，轮伞花序组成假穗状花序，气味极为芳香。岭南人作窑灶，把它焙干，以色黄的为好，江淮有野生的。

[9] 已厉 已：能治愈；厉：恶疮，瘟疫。

[10] 陈藏器 唐鄞州人，精通医药，玄宗开元中为三原县尉，因《神农本草经》挂漏尚多，乃广集药名，撰《本草拾遗》一书。

[11] 广、融、宣等州 古地名。广：广州一带；融：广西融安融水一带，明时称融州，今属柳州市；宣：安徽东南地区宣州。

[12] 吴人 春秋时的吴国人。为今江苏省境内，长江中下游一带的百姓。

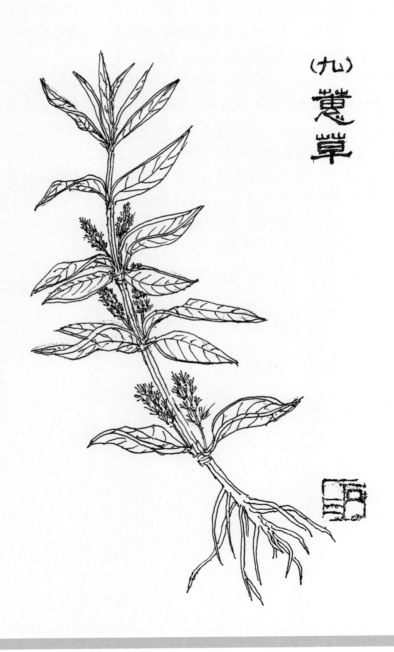

（九）蕙草

蕙草就是《楚辞·离骚》里所说的"蕙"。它也有许多的别名，如称薰草、黄零草、燕草，自古以产于零陵的蕙草作药视为最佳，所以又称蕙草为零陵香。更有个好记的统一称名叫香草。

蕙草生长在下湿地，叶形如同络麻叶，对节而生，茎秆方，通常在农历七月中旬始花放香。每年三月即可采收鲜草，注意阴干，以脱节的入药最佳。古书《山海经》说："浮山里长有一种草，叶似络麻叶，茎干方，花红，种子黑，气味好似蘼芜（艾香），名为薰草，可以治恶疮和瘟疫等厉害的毛病。"撰写《本草拾遗》的唐朝医药家陈藏器说："薰就是蕙草的根。"今人称作为广零陵香的，就是真正的薰草。出产于广东、广西和安徽等地，长江中下游一带，也有相当多的栽培。如能用好酒浸泡制作，那就更为完美香烈，有益健康。

兰外传

含笑花[1]花如兰，形色俱似。开不满[2]若含笑，随即凋落。生广东。

风兰[3]一名桂兰，又名发兰，亦名吊兰。生浙温台[4]山中。花白色窈黄[5]似兰，瓣小分许，茎长三寸，一种花红色、黄边、紫粉心者最佳。出闽粤[6]，不土而生[7]，悬挂檐前无日照处。性喜风，故名风兰。壅之以发[8]，故名发兰。挂在水上即得水气升蒸，亦时取下水中浸润之。

翁兰[9]叶似箬，花紫，形似兰而无香。四月开，与石榴红同时。生海岛阴谷中，羊山[10]、马迹山[11]诸处有之。性喜阴，春雨时种。

山兰多生山侧，叶似刘寄奴[12]，叶不对生，无桠。花心微黄赤，亦入药用。此与前闽越[13]所称山兰绝异[14]，以名同得，附品末。

马兰[15]一名紫菊，叶似兰而大，花似菊而紫，故得此名。俗称物之大者为马也。生湖泽卑湿处[16]，二月生苗，赤茎，白根，长叶，有刻齿状似泽兰，但不香尔。南人多采汋[17]晒干，为蔬及馒头馅。又茎高二三尺，开紫花。花罢，自□[18]细子。此草亦绝非香种[19]。以兰之命名，取似所出，故附之。

注释

[1] 含笑　学名（*Michelia figo*），俗名香蕉花，木兰科含笑属，常绿灌木或小乔木，原产广东。目前福建、浙江及长江中下游地区普遍有栽培。

[2] 开不满　指花尚未开足时的状态。谓花冠半开微吐，状如少女抿嘴微笑状。

[3] 风兰　学名［*Neofinetia*（Thunb ex A Murrag）H·H·Hu］，茎长1～4厘米，革质叶，狭长圆状镰刀形，总状花序，具2～5朵白色花，芳香，花瓣倒披针形或近匙形。

[4] 浙温台　意指浙江的温州、台州。

[5] 白色窃黄　窃：暗暗地、偷偷地。即白色花瓣微微泛黄。

[6] 闽粤　即福建广东地区。

[7] 不土而生　风兰属附生兰，其根喜生长在大树皮上，故称。

[8] 雍之以发　将头发做成团作为植料。

[9] 箬兰　学名（*Aspidistra etalior*），又称一叶兰，百合科蜘蛛抱蛋属，块茎。叶从根基长出，披针形似箬，深玫瑰红色花，形似兰，无香，喜温暖、耐寒冷，生海岛阴谷间，喜肥沃砂质土。

[10] 羊山　羊山在马迹山之西，该岛以南的洋岛均属于浙江嵊泗海域。另有资料所述羊山有小洋山与大洋山，传说曾因岛上多羊而得名，岛上危崖夹峙，奇石相随。

[11] 马迹山　又称泗礁山，该岛以北的洋岛属于江苏。据清康熙三十五年

（1696）所载，江苏跟浙江的东海洋面以羊山、马迹山为界，东西两山对峙，中间有海洋及山峦。另有考证，饶州鄱阳县（今江西波鄱阳）有马迹山。在舒州（今安徽怀宁）也有马迹山，为道教仙境。在江浙太湖西的半岛也有马迹山。在浙江杭州湾口有一岛也称羊山。查原文有"生海岛阴谷中"句，故可认定是东海嵊泗海域的两山。

[12] **刘寄奴**　中草药名，又名乌藤菜，叶披针形，叶缘有密而齐整的锯齿，对生叶长在一条长梗两旁，菊科植物。九月，茎端分开数枝，一枝攒簇十几朵黄心小白花。性温、味苦，清热利湿，其名刘寄奴典出宋武帝刘裕的小名。

[13] **闽越**　即古时的浙江和福建。

[14] **绝异**　完全不同。

[15] **马兰**　［*Kolimens indica*（ Aster indicus ）］正名称鸡儿肠，别名称马兰头，菊科多年生草本植物，叶互生，长椭圆披针形，边缘有粗锯齿。秋季开花，头状花序，淡紫色，中央管状花，黄色，形似黄心紫瓣小菊花。嫩苗可食，民间常于春天采来作菜。性凉味辛，入中药有凉血解毒功能，治咽喉肿痛、鼻出血、痢疾。

[16] **卑湿处**　低洼潮湿的地方。

[17] **汋**（ zhuó ）**舀**　捞取。

[18] **自□细子**　□：手稿模糊，拟为"结"字，意谓自结细微的种子。

[19] **香种**　真正具有兰香的品种。

含笑

風蘭

翁蘭

山蘭

馬蘭

含笑花形花色都有几分似兰，在花冠尚未完全打开时，形象如少女含笑，并沁出香蕉似的芳香，数天后花即凋落。产于广东。

风兰因花型小如桂花，故亦称桂兰。又因用头发做植料栽于小竹篮里而称发兰。后将其吊挂在树上或通风的屋檐阴处，故又有吊兰、挂兰的别名。浙江的温州和台州等山中大树上常有生长。白色素心花微泛黄，形似兰花，大至一分左右，茎长三寸。另有一种是黄色镶边的红花，心紫粉的为最好，还有叶艺等，产于福建、广东。它们不属于地生兰（注：称附生兰），只要把它悬挂在屋檐前照不到太阳的地方就行。风兰顾名思义因长在树高处，喜风而得名，所以人们常以头发作植料，就是取其通风透气。也可挂在水旁，能得到湿润的水汽，有时也可取下来在水中一浸即挂，以增加湿度。

翦兰叶似棕箬，花紫色形肖似兰花，但无香。四月为花期，常与石榴花同时开放。生长在海岛岩壁阴面处，如江浙东海嵊泗的羊山和马迹山阴谷间均有自然生长。人工栽培或翻种，在春季的雨水前后进行。

山兰常生长在山的侧坡，似草药刘寄奴，但叶不对生，有枝无桠。花心橙黄，也可做药。这种草称兰草，方虚谷考订它就是今称的千金草，又叫孩儿菊。李时珍认为它与泽兰为同类两种。跟上面所述浙江、福建所称的山兰作比较，两者可是截然不同的同名异物！特附在品后，以示区别。

马兰又名紫菊，叶形像兰草，花型大而似菊，颜色紫，故被称为紫菊。又因人们俗称大的东西为"马"，因此又名马兰。它们喜生长在湖泽边低洼湿地里。每年二月新苗生发，赤茎，白根，叶缘有锯齿，形似泽兰，无香。南方人常采来洗干净晒干，可作蔬菜或作馒头馅子。成株茎高二三市尺，开黄心紫花，无香。花落以后自结细子。这草也不是真正的香兰，以兰来命名它，原因好像因出处相似，所以也在这里作个介绍。

《兰易》《兰史》特色点评

　　我们生长在天地万物间，我们生活在人类文明的社会里，我们周围的事物，每天都在发展着、变化着，它们就像是一把无形的大锁，令多少年，多少人想去打开它的奥秘。《周易》是中华先贤创造的天地阴阳学说，它犹如古人握在手上的一把试图打开奥秘的大钥匙，以深刻的观察和独到的体悟对自然和社会所发生的一切进行高度的哲学思辨。

　　我们今天读到的《兰易》《兰史》则是由四百多年前浙江的一位学者冯京第先生根据太极阴阳学说，联系中国兰花文化的实际所写成。书里的内容紧密联系着"矛盾"与"实践"两个辩证唯物主义观点，围绕兰花栽培内容，渗透浅显生动的哲理，是作者对祖国社会发展历史及对祖国兰花文化的深刻认识。

　　《兰易》的上卷称名天根易，以卦的形式阐述内容，共十二卦，各以天根变化中的具体矛盾叙说兰花生长中的保护、培育、管理等等方面所存在的各种矛盾，以及平衡阴阳、解决矛盾的法则。现选取数卦试作简评。

　　农历十一月里，天寒地冻，兰花怕冷，难以抵御寒冬低温，正面临生死交关之时。卦说了个"复"字，预示天根即将大始，新一年又将天翻地覆来到，鼓励兰人们在困难时候要看到胜利，于兰则要保存实力，"退藏于室"，细心做好保暖工作。"知用（需要）知藏（保暖），易之道也。"说理简明，具有逻辑性。

　　农历三月阳春，酷寒溃退，万物更新，兰可出房，但"有风西来"，时有倒春寒，新的矛盾又生。卦说"夬"，刚决柔也，"去寒就燠，必位乎其所。"

这个时候，兰人们要不失时机地给兰花得当地作好浇灌、施肥及防冷保暖工作。重点明确，分析有理有据。

农历五月六月，自夏徂秋，阳刚大盛，天气高温多湿，卦分别为"姤"和"遁"，言兰花生长又遇新的矛盾和困厄，"何可当也"？"各于其方"。"辟（避）暑雨小（小心）"，"恒避日也"。搭凉架敝荫，置兰盆于水亭旁，连雨三日以上则需入室避雨。尤要注意"雨往日来"（阵雨淋洒兰后接着骄阳重出），"骤致（盆泥）下热"，会有致兰伤根败叶的大害。事例实有，办法巧妙管用。

天根运行到农历八月中秋，酷暑渐退，凉意日浓，春华秋实，丰收有望。兰花挺过了矛盾斗争激烈的又一个生死关头，已到了"华落（花已胎朵）气滋（气色饱满）"的时候。卦名为"观"，意寓丰收在望。在充满喜悦的时候，先生告诫兰人"八月有事，壅灌以时（正是兰株用肥用水复壮的时候），热则用水，凉则用肥"，如果肥水用得不当，还会有"花退"的坏结果，更不可就此松气。浅说哲理，教做细致具体。

《兰易》的下卷称名"十二翼"，分别介绍兰花的基本特性。一位好的老师，要懂得了解学生各自的特点，知道因材施教的道理，培养学生将来能为国效力的本领。兰人要栽培好兰花，能让它们长得花繁叶茂，苍翠一片，首先也必须了解兰花生长的基本特性。《兰易·十二翼》是冯京第先生自己一生在育兰实践工作中所观察到、总结出的兰花生长特性，浓缩成十二条，各以一喜一畏对比地展开全文内容。笔者选取其中几条内容为代表，与读者共同学习讨论。

"喜日畏暑"。作者喻冬天阳光如父母之爱，给兰带来温暖；又喻夏天阳光像暴君的苛政，给兰的生长带来困厄。兰如何过寒冬？先生说，置兰在有南窗的小室，无风时可开窗通气和接受阳光。兰如何度夏秋之时？先生说架木棚，上苇箔，谨覆荫，使整个环境阴多于日。教得是何等具体啊！

"喜风畏寒"。培育兰花的环境为啥必须通风？老人家所答是"宣郁除湿"，原来兰花如人，也会生"湿气病"，若环境不通风，兰花体内郁积的"湿气"愈来愈重，会致病害、虫害。至于说风，则有温寒之别，"兰既怕天（气温）寒，又怕风寒。"所以先生引用农谚"藏迟出早，枝叶不保；藏早出

y

w

迟，冬春有时。"告诉我们兰何时"进房"何时"出房"都要做到不失时宜。若过早，"（早）春（的）风之害凛于冬风，（早）春（的）雪之害酷于冬雪。"尤其是北方地区进房御冬的兰花，所以兰的出房时间更不可提早到清明节之前。

"喜雨畏潦""喜润畏湿"与"喜干畏燥"这三章论述所涉内容都是一个"水"字，但又各有论述重点，并无重复，对比喻的运用和对民谚、俗语的引用更是先生行文的一大特色。如"若要小儿平安，常带三分饥寒。"是言给兰灌水不可过湿过透。如"雨为百花酒，少则病渴，过则病醒。"是言兰接受春雨如人解渴那么重要，但过多了也会致病。如"养儿宁饥毋饱，养兰宁干毋燥。"是言给兰灌水以"润"为佳，不可灌到"湿"，更不可到"潦"。先生的语言质朴通俗，却又充满哲理，读者好似在聆听他的讲话，形象、生动、亲切，能深入浅出地告诉我们一个个有关养兰的大道理。笔者据先生书中所述，整理了一年里有关用"水"的三章，试以笔记的形式概括先生教做的主要内容，供兰人们参考。

1. 春月多雨，兰方吐芽，如果伤湿，则有不秀之忧，宜以人溺和水浇之解湿，如连雨三日以上需移避室中。

2. 立春以后，每十日浇肥水一次。

3. 四五月间，多雨，如雨润，即不可复灌。

4. 盛夏新秋，天时酷热，盆土未燥，不可伤于浇灌。

5. 夏月无雨，仍以三日为间隔浇灌。（注：须待盆泥热度退后再行浇灌。）夏月浇清水五日一次，盛夏则三日一次。

6. 七月间，似土燥而后浇，不受三日为节之限。（待盆泥热度退后再浇灌。）

7. 金秋八月，植株不可缺水，若根叶失水，兰株根叶就会渐渐枯黄。

8. 九月后旬，（注：北方趋凉，南方为小阳春）当慎灌。（防夜晚突寒，灌水后致冰冻。）

9. 冬天里，验视盆土"润"则不浇水，"燥"须待天气和暖时微浇。

"浇水三年功"。这句话是说莳兰技艺以浇好水这功夫最为不易，是老辈兰人传下来的切身体会。兰人必须要搞清"与水有关"四个字的含义，"燥"：

即干燥，意为缺水，是言盆泥含水过少；"润"：即滋润，意为土壤有适量水分又保持有一定透气性，是趋于最好状况；"湿"：即潮湿，言土壤含水量过多，相对透气性变差；"潦"：意为土壤积水，植株如浸泡水中，致烂根死亡。所以能拿捏好用水相隔的天数与水量的多少，是莳兰成败的重要一环。

十二翼里还有对土、肥、荫、烟、病虫等等论述，内容贴近实际，都是作者的真知灼见，为艺兰人所乐意接受。

我们拜读冯京第先生所写的《兰史》，好像是他讲了个有趣的兰花故事，又好像是老人家带我们去看他亲自导演的一出兰花戏，他悉仿西汉文学家、史学家司马迁撰写《史记》的体例所写就的《兰史》，群集真正的兰和那些非兰而带有兰名的兰们，把品种不同、形象不同、审美价值、实用价值不同的兰比拟成王、王亲、王妃、谋臣、将相等等一大群不同的人物角色，并对它们的形象一个个予以具体的介绍，颇有情趣，能引起读者的阅读兴趣，让读者知道许多优秀的兰花品种。

《兰史》让我们搞清了古兰与今兰的不同。古文献所载，三月三上巳日，青年男女来溱水边，手执着"蕳"，祈求安康吉祥。这个"蕳"就是古兰，即今天的泽兰，与之同类的还有蕙草、薰草等，它们都生活在近水边，古来就是作药材用，也可研粉做香料。

我们所称的今兰，词义不可解为今天的兰，应解为比"古兰"稍后发现和开发的兰。它们是真正的兰，幽隐在深山野林里，叶形弯弧如镰，刚柔相济，色泽苍翠如玉，花朵形态多变，香味浓郁可人。被人发现后下了山，让人一眼就瞧得服媚，秀美的姿色，竟把人心搅得如痴如醉，由此它们"乘时为帝"，身价要贵过黄金。腐儒们在文中所谓的"古兰"，实际是子虚乌有。而今兰，却是明摆着的，要说它的栽培传统，也应是千年一直延续到现今了。

《兰史》让我们知道闽地所产的建兰，花色较全，品种较多，历史上开发较早。它们先于别兰广为被人开发栽培，但那时兰人只是欣赏建兰的花型大，香气浓雅，花色仅以紫红、白、素心为上品，并认为花色愈紫红愈佳，还以花梗的高度超叶（出架）为贵。所以老人家把建兰排在《兰本纪》的最头里，当认为建兰是兰国之王！

《兰史》还让我们知道早在我国明朝时期，江浙山间的春兰与蕙兰，已经被人采觅下山。人们欣赏春兰的一支独秀，娇媚而有风骨的气质，同时欣赏蕙兰的大气磅礴，清秀而又朵朵高洁的神韵，它们都被称为"山兰"，正顺应时代潮流，雨后春笋般的日益兴起，被愈来愈多的人所喜爱，大有盖过建兰的势头，所以也被列在《兰本纪》里。不过当时民间还没有涉及讲究瓣型的时兴。

冯京第先生在叙写完《兰易》上卷"天根易"之后，接着安排了两篇论说文与读者讨论古今兰辨。

第一篇是论说晚生幽谷的今兰，才是真正的"王者香"。文章开头叙述《兰易》一书得来的故事，说是四明山一位田父（老农）所赠，除书端有"鹿亭翁著"四字外，再没有关于作者的任何信息。接着介绍此书之珍贵，它因是出于宋代的一位易道高手，是河南濮阳的名门高阳氏家族世世代代的传家宝。

文章第二段进入议论，直接提出论点，"抑今兰草生江南楚、越、闽中者，皆非'屈骚'所树所纫，而此兰（今兰）晚生幽谷，乘时为帝，气味卓越，始知世间有'王者香'。"然后以"汉高奋迹，徒步系治三代"作为论据进行论述：刘邦善用谋略，推翻秦朝，进行社会政治改革，得到人民群众的拥护，兴国安邦，巩固了大汉帝国统治地位的史实，说明晚生幽谷的今兰崛起情况犹同汉高祖的奋迹相似，都是天下适者生存的真君。对此他提出反问，"何伪之有？"反驳那些腐儒只会说"九畹十亩"虚无骗人的老套，他们否定今兰不是真兰。对此冯老再摆出近十个事例，以说明社会在前进，新旧替代的必然，如椅桌可代几席，茶可做饮料，枣可做酒，棉花可织布代裘纻，烟为墨，毛为笔等等这些现实作为论据，概括出"后今之制，胜于前古者多矣"的结论。又以反问"周（文王）孔（子）以前，岂曾知此耶"一语，对腐儒们的错误之说作反驳，你们一定要探求古老的"九畹十亩"，而把后来人种（乘时为帝）的兰都说成是"反古谬民（颠倒古今之事，来欺骗人）"吗？那我说屈原大夫"尝不解有梅（那时还未曾懂得如何欣赏梅花呢）！"因为我"不闻梅见遗'骚经'（没听说《离骚》里有对梅的说辞）。"反驳中带有讥讽，既犀利又风趣。最后是一个教训：君子"育物（或）爱养"，都要懂得跟随时代前进的这个道理。

第二篇文章是第一篇文章主题思想的接续，再论乘时为帝的今兰，才是真正的"王者香"。文章开头，作者提出"英雄"不同于"盗贼"的观点，理由是天下混乱之时，尚未出现能治国平天下使社会至正合一的高人，四方诸侯国各据一方，自称为霸为王，但不可以把他们跟篡政夺权的逆贼等同看待。摆出的论据有三：

1. "迁史"立项世家。论理刘邦胜者成主，项羽败者为寇。但司马迁写《史记》却专将项羽列在本纪里与刘邦作并列介绍。

2. "陈志"鼎分三国。《三国志》的作者陈寿，称吴国的国君孙权为"吴主"，称蜀国的国君刘备为"先生"，只把他们写于"列传"中，却把世人有争议，强横而有野心的"白脸"曹操在"本纪"里作介绍，称他为"太祖运筹演谋（运筹帷幄），鞭挞宇内（踏平天下）……"

3. 魏文帝请为李密立碑。李密年幼丧父，母改嫁，与祖母相依为命，刻苦读书，官至太子洗马，汉中太守。出身低微者本被社会歧视，但李密的事迹感动了魏文帝曹丕，经占卜天地后，钦定要为李密立纪念碑。

文章摆出的史实说明所涉之人不是"逆贼伪朝"。此后急转为批判"今人于此一切追书，黜之为'伪朝'"的错误观点，用了一个反诘句"不使英雄列眼地下邪（难道要使那些长眠地下的英雄也感到愤然？）"揭穿那些话，只不过是欺骗老百姓的谎言，在圣人处却是骗不了的。

作者铺垫上那么多的事实，是为了借英雄人物曾遭非议为"伪朝"的史实，洗清乘时为帝的今兰被腐儒们贬作"伪兰"的冤屈。为此，文章的结语是今天我再一次要为"晚生幽谷，乘时为帝"的今兰作辩护，必须去掉那顶说它"伪"的帽子，还他一个公道，今兰才是正统的古今之兰。

两篇论说文，论点鲜明，论据充实，反驳有力，为今兰伸张了正义。实是本书的一个闪光点。

冯京第先生是位明清时期著名的学者，明崇祯十一年被列为一百四十位士子之一，抗清斗士，曾与王翊、董宁等结寨于四明山，任兵部侍郎。永历八年（1654）九月，在与清军战斗中由于部将出卖被俘，慷慨就义。后人将他与王、董等不完整的遗体合葬于宁波江北北郊乡马公桥边，称"三忠墓"。

　　冯京第先生有极高的中国历史文化修养，著作有《帝城啸》《三山吟》《篁溪集》等，特别是对《周易》和《易经》的研究，可说是炉火纯青，所写就的《兰易》就可以看出水平之高深。先生是位改革派，个性坚强，爱憎分明，能以社会发展的科学观看待一切事物，敢于批判顽固守旧的保守思想和不切实际的学术风气，热情赞美社会科学的发展与进步。先生热爱生活，能用哲学观点长期从事艺兰实践，本书"天根易"和"十二翼"的内容，就能反映出先生科学的艺兰水平和丰富的艺兰实践经验，试想几百年前我们的先贤就有如此之高的艺兰技艺，这该是多么难能可贵！我们敬仰冯京第先生，我们怀念冯京第先生。